U0295651

大飞机出版工程

运输类飞机
结冰适航合格审定

沈 浩 韩冰冰 刘振侠 张 彤 张丽芬 揭裕文 编著

内容提要

适航合格审定是民机进入市场的前提条件，而结冰适航合格审定又是整个审定过程中最具难度的工作之一。本书内容包括结冰对飞行安全的影响、飞机防冰的方法、结冰探测的方法、结冰相关条款要求及符合性方法、结冰审定流程、结冰分析、安全性分析、地面试验、冰风洞试验、飞行试验、结冰计算软件的认可等。

本书既可作为高等院校适航相关专业的教材，也可供从事相关领域研究的工程技术人员参考。

图书在版编目(CIP)数据

运输类飞机结冰适航合格审定/沈浩等编著. —上海：上海交通大学出版社，2018

大飞机出版工程

ISBN 978-7-313-20184-3

Ⅰ.①运… Ⅱ.①沈… Ⅲ.①运输机—结冰试验—适航性

Ⅳ.①V271.2

中国版本图书馆 CIP 数据核字(2018)第 212916 号

运输类飞机结冰适航合格审定

编　　著：沈　浩　韩冰冰　刘振侠　张　彤　张丽芬　揭裕文

出版发行：上海交通大学出版社　　地　　址：上海市番禺路 951 号

邮政编码：200030　　电　　话：021-64071208

出 版 人：谈　毅

印　　制：苏州市越洋印刷有限公司　　经　　销：全国新华书店

开　　本：710 mm×1000 mm　1/16　　印　　张：11.75

字　　数：224 千字

版　　次：2018 年 11 月第 1 版　　印　　次：2018 年 11 月第 1 次印刷

书　　号：ISBN 978-7-313-20184-3/V

定　　价：98.00 元

作 者 简 介

沈浩，民航上海航空器适航审定中心高级工程师，从事飞机环控系统设计和适航审定工作十余年，先后参加过十多个航空产品的型号合格审定和认可审查工作，主要负责环控系统、氧气系统、防冰除雨系统、水/废水系统、机载复杂电子硬件/软件、系统安全性等相关专业；参加《运输类飞机适航标准》《航空器型号合格审定程序》等多项适航规章和管理程序修订工作；作为课题负责人或主要完成人完成了多个工信部、适航司及合作单位的课题研究工作；《实验流体力学》、中国自动化学会控制理论专业委员会、上海市科学技术委员会审稿专家。发表论文并被 EI、SCI 收录多篇。

韩冰冰，民航上海航空器适航审定中心高级工程师，从事飞机发动机系统集成和适航审定工作十余年，先后参加过十多个航空产品的型号合格审定和认可审查工作，主要负责动力装置系统、机载软件/硬件、系统安全性等相关专业；参加《运输类飞机适航标准》《航空器型号合格审定程序》等多项适航规章和管理程序修订工作；作为课题负责人或主要完成人完成了多个工信部、适航司及合作单位的课题研究工作；《实验流体力学》、中国自动化学会控制理论专业委员会审稿专家。发表论文并被 EI、SCI 收录多篇。荣获“全国民航五一巾帼英雄奖”“民用航空安全集体一等功”等多项荣誉称号。

刘振侠，教授、博士生导师。1988 年西北工业大学航空发动机系硕士研究生毕业，同年 4 月留校任教。2003 年获西北工业大学材料加工专业博士学位。曾任西北工业大学动力与能源学院副院长、学位委员会副主任、学术委员会副主任，现任西北工业大学“新概念喷气推进技术”国防重点学科实验室主任，学术委员会副主任。主要社会兼职包括航空航天类专业教学指导委员会委员，中航发动机专业组专家，中国航空学会会员；中国高等教育学会工程热物理专业委员会理事；《航空工程进展》及《航空发动机》编委；《航空学报》《航空动力学报》及《机械科学与技术》等审稿专家。个人曾被评为“学生最满意教师”“西北工业大学先进工作者”，并荣获“宝钢优秀教师奖”，陕西省教学成果特等奖，国家级教学成果二等奖。学术方向包括多相流（气液、气固、液固、气固液）、内部流动及传热、流固热耦合等，重点研究防冰系统及相关内流系统的流动、换热问题。

张彤，民航上海航空器适航审定中心研究员，从事飞机设计、飞行试验和适航审定工作二十余年，先后参加过十多个航空产品的型号合格审定和认可审查工作，主要负责性能、操稳、结冰等相关审查工作；参加《运输类飞机适航标准》等多项适航规章修订工作；作为课题负责人完成了多个适航司及合作单位的课题研究工作；在《飞行力学》《民机设计与研究》等杂志发表论文多篇。荣获“民用航空安全集体一等功”等多项荣誉称号。

张丽芬，西北工业大学动力与能源学院副教授，长期从事动力装置结冰/防冰相关研究，主持和参与了国家自然基金、航空基金、民机科研等研究课题，内容涉及多相流（气液、气固液）、内部流动及传热、航空发动机结冰数值模拟及冰风洞实验方法等。近年来发表论文二十余篇，其中 EI 和 SCI 检索七篇。

揭裕文，民航上海航空器适航审定中心副主任；研究员；中国空气动力协会理事；民航中青年技术带头人；国家重点型号大型救援/灭火水陆两栖飞机 TCB 成员/审查组长，C919 飞机 TCB 成员/性能操稳审查组长；ARJ21－700 试飞性能审查负责人；荣获中国民用航空局 ARJ21 飞机型号合格审查组“民用航空安全集体一等功”；荣获 2016 年上海市五一劳动奖，享受国务院特殊津贴。

前　言

研究表明机翼表面结有薄如砂纸的冰、霜或雪，便可能产生高达30%的升力损失、40%的阻力增加。更大、更临界的冰积聚可能产生更大的升力损失和阻力增加。FAA过去的统计数据表明，每年大约有八起因结冰导致的飞行事故。同时民机结冰条件下合格审定又是一项花费巨大的系统工程，有些飞机甚至占到整个研制成本的四分之一。因此，结冰合格审定对飞行安全以及研制成本控制极其重要。CCAR-25部对结冰合格审定有明确要求，共涉及多达八十余条条款。结冰问题涉及面广，包括性能操稳、动力装置、防除冰系统等多个专业，是一项跨专业工程，需要大量的计算分析、冰风洞试验、飞行试验等多种手段进行综合验证。

由于国内在民机结冰领域的研究刚刚起步，民机结冰适航审定相关的设计和验证经验缺乏，对取证进度造成极大的影响。以国内第一款涡轮风扇飞机ARJ21-700为例，该飞机于2004年申请型号合格证，直至2014年底获得民航局颁发的型号合格证。回顾这段历时十余年的取证历程，结冰适航合格审定无疑是最具挑战性的任务之一。

国内运输类飞机合格审定过程的艰难历程以及专门介绍运输类飞机结冰适航合格审定方面的书籍的缺乏，促使笔者着手编写一本系统性介绍结冰合格审定的书籍。本书从2016年开始策划，历时两年左右完成，是笔者在运输类飞机设计和适航审定领域内十多年以来的研究成果和工程实践经验的总结和提炼。全书共计12章和1个附录。

第1章以FAA结冰相关条款的几个重要修正案为线索，介绍了结冰相关条款修订的背景。并对FAA、EASA和CAAC的25部规章在结冰适航审定条款要求之间的差异进行了说明。

第2章对于飞机上可能结冰的典型部件或区域，讲解了结冰对飞行安全的影响。

第3章主要介绍了飞机防/除冰的方法，重点阐述热气防冰、电热防冰和气动套除冰方法，给出了采用上述防/除冰方法的系统案例，并且对这几种防/除冰方法的优缺点进行了分析对比。

第4章对目前运输类飞机运行过程中通常使用结冰探测方法进行了阐述，包括目视探测方法、温度和可见湿气探测方法以及使用结冰探测器的探测方法。

第5章重点介绍了结冰相关条款的要求以及符合性方法。其主要内容以现行有效的CCAR-25-R4为基准，部分涉及14CFR 25-129修正案以及14CFR 25-140修正案中关于过冷大水滴、混合相以及冰晶的结冰条件。

第6章和附录阐述了各种防护表面以及非防护表面的结冰审定流程，提供了第7至第11章所述的各种符合性方法的具体指引。

第7章至第11章主要以分析计算、系统安全性分析、地面试验、冰风洞试验、飞行试验等几种不同的符合性方法进行分别阐述。

第12章主要介绍了结冰计算分析软件的计算方法、典型的计算软件以及软件认可的注意事项。

本书第1章、第3章、第4章、第6章、第8章和附录由沈浩编写，第2章由张彤、揭裕文、沈浩编写，第5章由张彤、揭裕文、韩冰冰、沈浩编写，第7章由刘振侠、张丽芬、沈浩、韩冰冰编写，第9章由韩冰冰编写，第10章由刘振侠、张丽芬、沈浩编写，第11章由沈浩、张彤、揭裕文、韩冰冰编写，第12章由刘振侠、张丽芬编写。

本书的编写得到了中国民用航空上海航空器适航审定中心和西北工业大学的大力支持。另外，南京航空航天大学的陈维建、中国商飞上海飞机设计研究院的霍西恒、中国空气动力研究与发展中心的王梓旭等对书中涉及的部分问题提供了技术支持，西北工业大学的刘淑怡协助完成了大量的文字编辑工作，在此表示衷心的感谢。

由于笔者水平有限，本书存在的错误和疏漏恳请广大读者提出宝贵意见。

目　　录

1 绪 论

结冰严重威胁着飞机的飞行安全，为了保证运输类飞机在结冰条件下的飞行安全，各适航当局都提出了相关的合格审定要求。

以美国联邦航空局(FAA)为例，在 14 CFR 25 部最初制定时，就包括结冰相关的条款要求，其后又经过了多次修订。下面重点介绍 25－121 号修正案、25－129 号修正案和 25－140 号修正案。

1.1 25－121 号修正案

2007 年 10 月 9 日，FAA 颁布了 25－121 号修正案，在此之前，条款 25.1419“防冰”要求装有经审定的防冰装置的运输类飞机具有在 25 部附录 C 所规定的结冰条件下安全运行的能力。该章节要求申请人进行飞行试验和分析来进行符合性验证。条款 25.1419 仅规定当申请人要求对防冰系统进行验证时才需要对飞机在结冰条件下安全飞行的能力进行验证。

尽管在确定飞机是否安全时飞机的性能和操纵品质很重要，25 部并没有对结冰条件下飞机的性能和操纵品质提出要求。此外，FAA 也没有确定一套规范来规定飞机在结冰条件下的性能和操纵品质要求。条款 25.1419 并没有指明对无防冰装置飞机在结冰条件下运行的验证要求。

历史数据表明飞机在结冰条件下运行有安全风险。FAA 从美国国家运输安全委员会的事故数据库中发现，从 1983 年以来，如果该条款实施的话，有 9 起事故是可以避免的。在评估该条款今后对避免事故的潜在作用时，FAA 仅考虑了过去那些结冰导致飞机水平安定面失速或机体结冰引起阻力增大和操纵性变差而导致的事故。

25－121 号修正案颁布使得这些要求得到了明确的规定，对在结冰条件下飞机应具有的性能和操纵品质提出一系列全面的要求。

这些修订用于确保所有运输类飞机在进行验证时，在结冰条件下对于各飞行阶段和所有的飞机形态，飞机的最小机动速度都拥有足够的机动裕度。

1.2 25-129号修正案

飞机在结冰条件下飞行时，为了保证飞行安全，驾驶员[①]必须在飞机临界表面形成危险量的结冰前使飞机飞离结冰区，或者及时启动结冰保护系统，确保临界表面不会积聚危险量的冰。

FAA在总结由结冰引起的飞行事故或事件时发现，当时飞行机组往往根本没有意识到机体上冰积聚的存在，或者虽然意识到机体有冰积聚，但是飞行机组判断为没有达到必须启动结冰保护系统的程度，从而导致了事故或事件的发生。

在25-129修正案之前的规章（无论是运行规章还是适航规章）没有明确提出需要为飞行机组提供什么样的结冰探测方式，以便飞行机组能清楚地知道什么时候应当启动机体结冰保护系统。另外，有些飞机要求飞行机组观察到有冰积聚时，必须手动重复开/关来完成机体结冰保护系统的循环，此种工作方式增加了飞行机组的工作负担，这也是FAA所担心的。

FAA在1996年5月主办了关于飞行中飞机结冰问题的国际会议，与会专家建议改进规章以提高飞机在结冰条件下运行的安全水平。为此，FAA于1997年4月2日启动了“飞行中飞机结冰安全计划”，该计划确定了FAA为提高在结冰条件下对飞机运行安全将采取的各种行动。根据结冰安全计划，FAA委派航空规章制定咨询委员会（ARAC）一项任务：成立结冰保护协调工作组，考虑是否需要使用结冰探测器或其他可接受的方式，在飞机的临界表面上形成危险量的结冰之前警告飞行机组。

2009年8月3日，根据ARAC的建议，FAA在联邦注册报上发布了联邦航空条例14 CFR 25部第25-129号修正案——“结冰保护的启动”，对运输类飞机结冰探测方式和结冰保护系统（IPS）工作方式提出了明确要求。该修正案于2009年9月2日生效，适用于所有按25部要求新设计的飞机，没有追溯要求。

1.3 25-140号修正案

1994年10月31下午，美国老鹰航空公司4148号航班（ATR72-212双发螺旋桨飞机）在到达目的地芝加哥上空下降过程中，飞机发出告警提示（襟翼打开状态下）下降速度太快。在收回襟翼后飞机却发出怪声，刹那间控制杆急剧向右转，飞机往右倾斜，开始翻滚，飞机失去控制，几秒钟内便冲进一处农地上坠毁。事故造成机上全部乘客64人和机组人员4人丧生。

事故发生后，美国国家运输安全局（NTSB）立即对该事故展开了调查。调查结果显示，ATR72-212飞机完全符合现有的飞机防除冰适航性要求，包括飞机运营

---

① 本书同时出现驾驶员和飞行员，两者是同一含义。

过程中的持续适航要求,但在这起事故中该型飞机在盘旋等待和下降过程中遭遇了超出 14 CFR 25 部附录 C 的更严重的结冰环境,其中含有直径超过 100 μm 的过冷大水滴,因而在机翼除冰装置之后产生了异常的结冰而无法除去,使得流过积冰机翼的气流受到扰动甚至破坏,最终导致飞机失控坠毁。

NTSB 还指出,该起灾难性事故的发生主要归因于飞机遭遇了微冻雨/冻雨的结冰条件(也即过冷大水滴),这超出了目前所有经合格审定飞机所允许的结冰条件;而且在此次事故之前,适航当局和航空工业界并没有充分认识到冻雾/冻雨结冰条件的特性,及其对飞机飞行安全的潜在危害。

同时,NTSB 还在事故调查报告中对 FAA 提出了多达 22 条建议,包括修订 14 CFR 23 部和 14 CFR 25 部中结冰和防除冰相关的标准和要求,扩展附录 C 的合格审定结冰包线范围,以涵盖包括微冻雨/冻雨和冰晶与过冷水滴混合的结冰条件;修订或新增结冰合格审定相关咨询通告及指导性材料,包括结冰合格审定程序等。

ATR72 - 212 坠毁事故之后,FAA 意识到原 14 CFR 25 部附录 C 未包含的过冷大水滴结冰天气条件对安全飞行的重大危害后,立即启动了航空器空中结冰安全性的审查,并于 1996 年 5 月召开航空器空中结冰国际研讨会,基于研讨会的成果,FAA 制定了一项包含过冷大水滴结冰在内的结冰问题长期研究规划,并委托航空规章制定咨询委员会(ARAC)下属的防冰协调工作小组(IPHWG)开展过冷大水滴结冰问题的研究,主要内容包括如下几方面。

(1) 定义包含过冷大水滴(SLD)条件的结冰环境。

(2) 研究定义混合相结冰条件(过冷水和冰晶)的必要性。

(3) 制定飞机运行能力评估要求,或者可在过冷大水滴和混合相的大气环境中无限制飞行,或者可安全飞行直至脱离这种结冰环境。

(4) 研究结冰要求变化对条款 25.773 驾驶舱视界、条款 25.1323 空速指示系统、条款 25.1325 静压系统的可能影响。

(5) 研究制定攻角探针防冰要求的必要性。

2010 年 6 月 FAA 基于 ARAC 提交的研究报告,颁布了文号为 FAA - 2010 - 0636 的规章修订建议通告《过冷大水滴、混合相、冰晶结冰条件下飞机和发动机的合格审定要求》,提议新增 14 CFR 25 部附录 O“过冷大水滴结冰条件”、条款 25.1420“过冷大水滴结冰条件”和条款 25.1324“攻角系统”等要求,并修订若干结冰相关条款。

最终的规章修订通过 14 CFR 25 - 140 号修正案完成,该修正案的生效日期为 2015 年 1 月 5 日,其中新增了条款 25.1324 攻角系统;条款 25.1420 过冷大水滴结冰条件;25 部附录 O 过冷大水滴结冰条件;33 部附录 C 和附录 D 混合相和冰晶包线;并适应性地修订了 B 分部相关的条款。本次修订的目的是为了扩展在运输类飞机和涡轮发动机审定过程中使用的结冰条件类型,从而提升运输类飞机在过冷大水滴、混合相和冰晶结冰条件下运行的安全水平。

1.4 EASA、CAAC 与 FAA 规章的差异

欧洲航空安全局(EASA)的 CS－25 现行有效版本为 17 版，绝大部分与结冰相关的条款已经与 FAA 协调一致。主要的区别在于过冷大水滴条款的适用性方面。FAA 认为过去的服役历史证明大飞机在过冷大水滴条件下具有良好的安全性，因此规定过冷大水滴结冰条件不适用于最大起飞重量[①]大于或等于 60 000 lb[②] 的飞机。而 EASA 认为过去的服役历史不能说明将来设计的大飞机的安全性，因此要求大于或等于60 000 lb的飞机同样需要考虑这种结冰条件。

CCAR－25 部于 1985 年 12 月 31 日首次发布以来共经过了 4 次修订，目前有效版本为 CCAR－25－R4，其中结冰相关条款与 FAA 的 25－121 号修正案的要求一致。因此，目前中国民用航空局(CAAC)的要求与 FAA 和 EASA 的差异主要在于 25－129 号修正案和 25－140 号修正案的内容。

本书将以 CCAR－25－R4 中结冰相关条款的符合性验证为主，并部分涉及 FAA 25－129 号修正案和 25－140 号修正案的相关内容。

参考文献

[1] FAA. Airplane Performance and Handling Qualities in Icing Conditions. [S]. The Federal Register/FIND, 72(152),2007.

[2] FAA. Rules and Regulations, 14 CFR Part 25, Activation of Ice Protection [S]. The Federal Register/FIND, Vol. 74(147),2009.

[3] FAA. Rules and Regulations, 14 CFR Parts 25 and 33, Airplane and Engine Certification Requirements in Supercooled Large Drop, Mixed Phase, and Ice Crystal Icing Conditions [S]. The Federal Register/FIND, Vol. 79(213),2014.

[4] EASA. Large Aeroplane Certification Specifications in Supercooled Large Drop, Mixed phase, and Ice Crystal Icing Conditions-Advisory Material [S]. Notice of Proposed Amendment (NPA), 2012.

[5] 中国民用航空局. CCAR－25－R4 运输类飞机适航标准[S]. 2011.

[6] EASA. CS－25 Amendment 17, Certification Specifications and Acceptable Means of Compliance for Large Aeroplanes [S]. EASA, 2016.

① 本行业惯用“重量”。

② lb 为英制质量单位磅，1 lb＝0.454 kg。

2 结冰对飞行安全的影响

2.1 机翼结冰

机翼结冰通常会导致飞机阻力增大，升力和失速攻角减小，失速速度增加，改变横向和纵向稳定性，对飞机的操纵品质产生不利影响。重量增大会减小飞机逃离结冰区的能力，并且机翼重量的变化可能影响飞机的颤振特性。开缝式后缘襟翼的前缘在进近和着陆时也会发生冰积聚，沿后缘襟翼前缘的冰积聚会降低其气动效率(在一定攻角下减少升力)，另外襟翼上的冰积聚还会妨碍其收上。

2.1.1 机翼失速

通常，机翼升力系数会随攻角的增加而增大，并且在某个角度达到最大值。攻角继续增加时，升力会迅速减小，该攻角称为失速攻角。在机翼前缘结冰时，由于气流更容易分离，失速攻角会比干净状态下更小，甚至很少量的冰产生的粗糙度都会对飞机的失速特性造成较大的影响。

为了防止机翼失速，一般飞机的对结冰条件下的失速警告大都采用提前模式，但是在脱离结冰区后由于飞行员或安装的探测设备无法准确确定飞机的重要机体表面的结冰已脱落或消失，为了安全起见，即使飞机表面已无冰，飞机的失速警告依然采用保守的提前模式，并一直持续到着陆。

机翼失速可能会引起灾难性的后果。2004 年 11 月 21 日 8 时 21 分，包头飞往上海的 MU5210 航班起飞时发生事故，坠入包头市南海公园的湖中并发生爆炸起火，机上乘客 47 人、机组人员 6 人以及地面 2 人，共 55 人在事故中丧生。事故经调查后认为，事故的原因是飞机在包头机场过夜时存在霜冻的天气条件，在机翼表面形成一层霜，而飞机起飞前没有进行除霜(冰)，机翼污染使机翼失速临界攻角显著减小。在起飞过程中，飞机按照正常起飞攻角拉起时超出失速攻角，导致在没有出现失速警告的情况下失速，飞行员未能从失速状态中改出，飞机坠毁。

2.1.2 尾翼失速

对于大多数传统飞机，飞机的重心位于机翼气动中心之前。因此，机翼的升力和飞机重力之间会产生一个低头力矩，为了平衡这个低头力矩，需要由尾翼产生一个反向升力。

平衡力的大小与飞机的襟翼构型和飞行条件有关。当放下襟翼时，机翼的升力中心进一步相对飞机重心后移，这会导致低头俯仰力矩增大(见图 2-1)，同时由于放下襟翼增大了机翼曲拱度，导致给定攻角下机翼升力的增加，也增加了绕机翼的弦向环流。飞行条件对俯仰力矩也有一定的影响，降低空速(增大飞机攻角)需要增大尾翼的向下升力。增大推力也会影响俯仰力矩，具体影响视推力线相对重心的位置而定。所有这些影响都需要增大尾翼的向下升力，以便相对俯仰轴来平衡飞机。

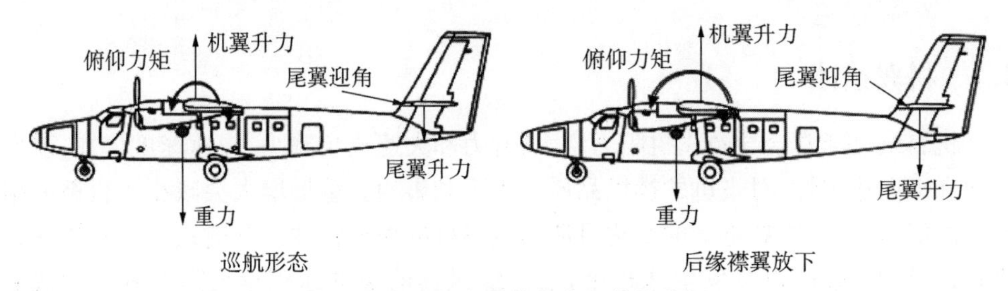

图 2-1 飞机上的作用力和俯仰力矩

增大尾翼的攻角或偏转升降舵的位置来调整尾翼的向下升力，平衡俯仰轴上的力矩。机翼后缘的襟翼位置对尾翼攻角有极大的影响。放下后缘襟翼会大大增加(机翼)对尾翼的下洗作用，这种增大的下洗会增大尾翼的攻角，从而有效地增大了尾翼的向下升力。一个可配平水平安定面可以对尾翼攻角的改变进行补偿，另外把升降舵的后缘上偏，也可以产生平衡(俯仰力矩)所需的向下升力，如图 2-2 所示。

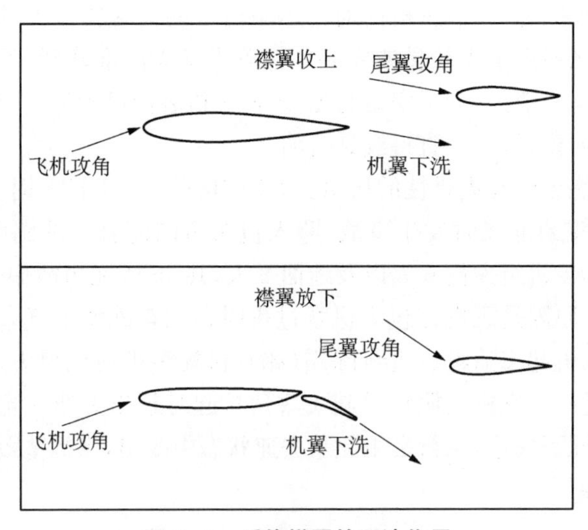

图 2-2 后缘襟翼的下洗作用

当水平尾翼上有冰积聚时，对其尾部向下升力的要求是相同的。但是冰积聚的气动影响会降低水平尾翼产生向下升力的能力。冰风洞试验表明，水平安定面前缘上因一层薄冰积聚而引起的轻微粗糙度，可以在较小的攻角下（与没有冰污染的尾翼比较）引起水平尾翼失速。

在冰污染尾翼失速（ICTS）时，通常先是在尾翼的前缘开始发生相关气流分离，然后沿着其下表面往后扩展，到后面的某一条线上气流又重新附着到尾翼表面。随着攻角增大，气流的重新附着线进一步后移，如图 2-3 所示。如果气流分离后移到升降舵操纵面，此时在升降舵上就会发生压力重新分布，引起后缘产生很大的向下铰链力矩。

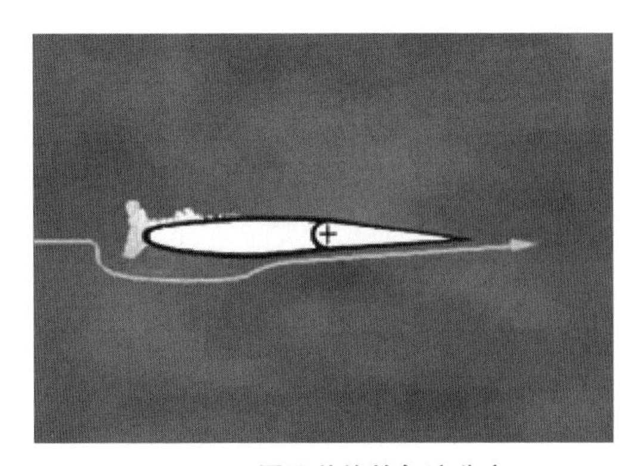

图 2-3 尾翼前缘的气流分离

如果升降舵使用的是非增强操纵系统，此时上述增大了的铰链力矩会迅速向前夺取驾驶杆，要求飞行员用很大力气才能够抵制。升降舵后缘会自动下偏，直至铰链力矩为零（此时升降舵上下表面的空气载荷力矩平衡）。这样会降低飞机的俯仰操纵性和稳定性。

当超过结冰失速攻角时，即发生 ICTS。而尾翼失速攻角会因不同冰形而异，如前讨论，增大尾翼攻角的主要因素是机翼后缘襟翼。不过，其他可能导致超过结冰尾翼失速攻角的原因还有飞机的低头俯冲机动（捕捉下滑道）、减小飞机的攻角以增加空速、突风和发动机功率变化等。十字形或 T 形的尾翼设计，其水平安定面和垂直安定面接合处的局部相互发散作用，在高速侧滑机动时对于围绕尾翼的气流会有不利的影响。

ICTS 曾经在飞机处于低高度进近时引起过事故，在靠近地面飞行时，机组已经没有多少时间来区分到底是机翼失速还是尾翼失速，因而机组也没有能力采取适当的驾驶技术来恢复飞机的操纵。如果发生了 ICTS，飞行员是通过收起襟翼来减小尾翼攻角并且后拉驾驶杆使飞机抬头。

2.1.3 滚转反向

与尾翼失速的原理一样，在某些结冰条件下，机翼前缘开始发生相关气流分离，然后沿着其下表面往后扩展，到后面的某一条线上气流又重新附着到机翼表面。随着攻角增大，气流的重新附着线进一步后移。如果气流分离后移到副翼表面时，此时在副翼上就会发生压力重新分布，引起副翼产生很大的向下铰链力矩，造成副翼向下偏转，这种情况可能发生在飞机攻角达到失速攻角之前。

通常，飞机前缘附近的冰脊可能引起滚转反向。

2.1.4 颤振

结冰对颤振特性的影响主要体现在结冰的重量上。表面冰积聚质量会影响到操纵面的振动或颤振的趋势。

2.2 天线和探头结冰

2.2.1 天线结冰

天线通常突出在机身蒙皮以外，形状类似一个厚度很薄的小机翼，用来给通信、导航系统提供信号。由于很薄的机翼具有很高的水收集系数，因此天线很容易结冰。

如果天线结冰，首先可能造成的影响是无线电信号失真。当结冰量达到一定程度时，由于气动外形的改变，天线会开始振动，严重时可能造成天线断裂，导致通信中断。并且天线断裂的碎片还可能对飞机的其他部件造成损害。

2.2.2 空速管结冰

在飞机的机头或机翼上一般都会有一根细长的方向朝着飞机的正前方管子。这就是空速管。空速管主要是用来测量飞行速度的，同时还可能兼具其他多种功能。空速管由两个同心圆管组成，内圆管为总压管，外套管为静压管。

空速管通过总压和静压之间的差异计算飞行速度。当飞机向前飞行时，气流便冲进空速管，在管子末端的感应器会感受到气流的冲击力量，即动压。飞机飞得越快，动压就越大，将静压和总压相比就可以得出飞行速度。

在总压孔被结冰堵塞时，总压将小于实际值，空速系统计算出的飞机速度将低于实际飞行速度，可能给出失速的虚假警告。当多个空速管中的某一个出现结冰堵塞时，将出现空速不一致，干扰飞行员的判断。

典型的案例为法航447号航班(AF447)事故。2009年6月1日，AF447为一架空客公司的A330-203客机，从巴西里约热内卢飞往法国巴黎途中遭遇恶劣天气，在大西洋上空神秘失踪，乘客216人、机组成员12人无一生还。法国调查局(BEA)于2012年7月27日发布了最终调查报告。报告揭示AF447航班在35 000 ft[1]高度时，飞机的空速管被冰晶堵塞，飞机正驾驶、副驾驶位置和备用仪表的空速分别出现了 29 s、61 s、54 s 的显示错误和不一致。空速不一致导致飞机控制律由“正常法则”转换到“备用法则 2B”(此法则下没有失速保护功能)，自动驾驶仪和自动油门断开。自动驾驶断开警告、主飞行显示器(PFD)上限制速度带消失使飞行员感觉到异常，但并没有意识到飞机丧失了三套空速的正确指示，没有按照空速不一致的操作程序进行操纵，而是进行了一系列错误操纵，使飞机爬升至38 000 ft，失速警告触发后进入失速，直到坠毁于海面。

虽然该事故的主要原因指向了人为因素，包括飞行员可能的对失速警告、失速情景感知错误，高度紧张情绪下机组分工混乱和高空空速不一致操作程序培训不足等，但是最直接的原因是空速管结冰。

2.2.3 发动机控制传感器结冰

发动机控制需要使用一系列传感器。传感器的积冰和堵塞会导致发动机压力和温度测量发生错误。关键的传感器包括进气道总压和总温探头，以及内部压气机温度探头。如果错误的测量数据用于发动机控制系统的推力或功率调节，或者用于其他操作系统(如可调静子叶片)的调节，那么将会导致发动机功率损失或者功率的不稳定。例如对于压气机进口压力探头，有的发动机将进气压力与排气压力的比作为发动机压比(EPR)显示在驾驶舱内，用于确定发动机推力设定。当压气机进气压力探头结冰时，发动机控制系统计算出的压比比实际值更大，因此在驾驶舱显示比实际更大的推力。这可能导致飞行员减小发动机推力，从而导致飞机推力不足。

如果使用发动机低压轴转速 $N1$ 控制发动机推力，可以通过 $N1$ 与 EPR 相互检查确定是否存在结冰。

2.2.4 攻角传感器结冰

攻角传感器的作用是感知飞机的飞行攻角。通常，机翼升力系数会随攻角的增加而增大，并且在某个角度达到最大值。攻角继续增加时，升力会迅速减小，该攻角称为失速攻角。为了避免飞机失速，飞行控制系统需要将飞机的攻角控制在失速攻角以内。

当攻角传感器的旋转部分被冻结无法自由旋转时，输出的攻角信号将与实际值不一致，造成错误的飞行控制指令。

2.2.5 总温传感器结冰

常用的总温传感器为阻滞型总温传感器。传感器的阻滞室呈先扩后缩的形状。在扩散段进行绝热滞止，将气流速度降到设计预定值，使气流的绝大部分动能恢复

---

① ft 为英制长度单位英尺，1 ft=0.305 m。

成热能。阻滞腔中这股被阻滞的气流，在阻滞腔由于压差及凸台的作用被分成两部分，其中一部分气流连同夹带的杂物继续做直线运动，从尾部出口处流入大气；另一部分气流，在压差与凸台作用下，做90°急拐弯，流经感温元件周围从下方侧口流入大气。感温元件是铂金电阻丝，其阻值随阻滞温度的大小而变化。

为了防止阻滞室外壁结冰，在其外壁夹层中埋有加温电阻丝。在扩散段管道四周开有小口，利用内外压力差，把被加热附面层的气流吹到周围大气中，以减小因加温引起的测量误差。感温元件这种安置法的好处是水蒸气和尘埃因惯性而直接从后部小孔处流出，不易进到感温元件处；感温元件远离被加温的阻滞室外壁，因加温而造成的测量误差很小。

总温信号可供大气数据计算机计算大气静温、修正空速数据等使用。总温信号还可直接用于指示，它反映飞机某些部位上构件可能达到的温度，例如，某些飞机使用湿气和总温来提供结冰信号。

当总温传感器结冰时，总温传感器将给出错误的总温信号，错误地提供一个或多个表决的总温和静温信息。这时，对于空速指示，系统显示的空速与真实空速存在一定的误差，在飞行包线附近飞行时，可能出现超出包线而没有警告的情况。由于总温对空速的修正量比较有限，显示空速与实际空速之间的误差也相对较小，并且飞行手册确定的飞行包线与飞机的能力之间也有一定的余量，因此错误提供总温信息或丧失总温信息通常不会直接对飞行安全造成影响，但是会降低飞机的安全裕度。对于使用总温信息提供结冰信号的系统，错误的总温信息可能导致飞机在结冰条件下飞行时系统未给出结冰信号，严重时可能导致飞机失控。

2.3 风挡结冰

如果风挡防冰系统失效，主风挡视界将被阻挡，如图2-4所示。相对于主风挡而言，侧窗由于安装角度的原因，具有较低的水收集率，因此通常情况下不会结冰，在主风挡视界被阻挡的情况下，飞行员将不得不依靠侧窗视界完成着陆，较大程度地增加了飞行员的负担，降低了飞行安全裕度。

图2-4 主风挡结冰

2.4 动力装置结冰

活塞式飞机发动机通常具有冷却空气进气口或汽化器组件，相对外部空气，流经这些组件的空气会被加速，因此温度更低。这意味着即使外界温度高于零度，这些部件内的空气温度仍然会降至冰点，如果空气中存在游离水，将在这些部件上冻结。燃油蒸发和汽化器文氏管的压降会引起突然的温降，温降范围在20～30℃之间，导致大气中的水汽变成冰逐渐堵塞文氏管。文氏管结冰会扰乱燃油/空气的配比，逐渐引起发动机功率损失，最终导致发动机熄火，并且难以重启。即使在较温暖的气温下，汽化器也可能结冰，特别是在有湿气的情况下。经验表明，汽化器结冰可能发生在环境温度超过25℃，湿度低于30%的下降功率下，以及环境温度超过20℃，湿度60%的巡航功率下。

对于涡轮风扇发动机，如果空气进气口结冰，气流的畸变会导致发动机性能降低。另外，冰会从唇口脱落吸入发动机，如果超出发动机吞冰限制时，会造成风扇叶片损伤超标，严重时可能引起发动机熄火。

发动机风扇叶片和整流锥结冰后，由于转子部件的转动不平衡，可能导致发动机振动超标。另外，结冰引起的气流扰动，可能激发起压气机或风扇叶片的共振。同时，可能会由于静子与转子部件之间的间隙减小而引起损伤。

一般认为经过风扇压缩后的空气温度会高于零度，因此发动机的压气机部件不会发生结冰。而近年来通过对多起发动机推力损失事件的研究，人们发现低压压气机甚至高压压气机都可能发生结冰，冰晶颗粒是导致压气机结冰的罪魁祸首。

冰晶颗粒撞击飞机的机翼、尾翼等迎风部件时，由于这些部件的表面温度很低，会发生反弹，因此不会引起飞机结冰。而冰晶颗粒进入压气机后，由于周围空气温度高于冰点，部分冰晶颗粒融化，在叶片表面形成水膜，后续冰晶颗粒撞击到叶片表面时，由于水膜的存在，部分冰晶颗粒即“粘附”[①]在表面，并发生热量交换，由于不断有冰晶颗粒通过撞击粘附在叶片表面，与周围水膜及叶片发生热量交换，因此温度不断降低，当叶片表面温度低于冰点时，水开始凝固成冰。冰晶颗粒可能引起低压压气机甚至高压压气机的前几级结冰，压气机结冰可导致压气机喘振、发动机停车、燃烧室熄火，以及发动机的机械损伤等严重的后果。

对于螺旋桨，由于气流分离的原因，螺旋桨结冰会造成严重的推力/拉力损失。另外，结冰受离心力而脱落时可能损坏附近结构，例如窗户和机身蒙皮。同涡轮风扇发动机的叶片结冰一样，由于转子部件的转动不平衡，可能导致发动机振动超标。

2.5　机翼油箱结冰

对于机翼油箱，由于高空温度很低，在长时间飞行后，油箱内的燃油可能会冷透。飞机降落后，机翼油箱表面的蒙皮温度可能大大低于环境温度，这时机翼油箱上下表面的蒙皮上可能结成明冰，如图2-5所示。这种明冰很难被观测到，起飞时在振动和气动力的作用下可能会破碎脱落。对于尾吊发动机的飞机，如果冰脱落至发动机内，可能引起发动机损伤或不可接受的推力损失。另外，机翼油箱上表面的

---

① 本行业惯用“粘”。

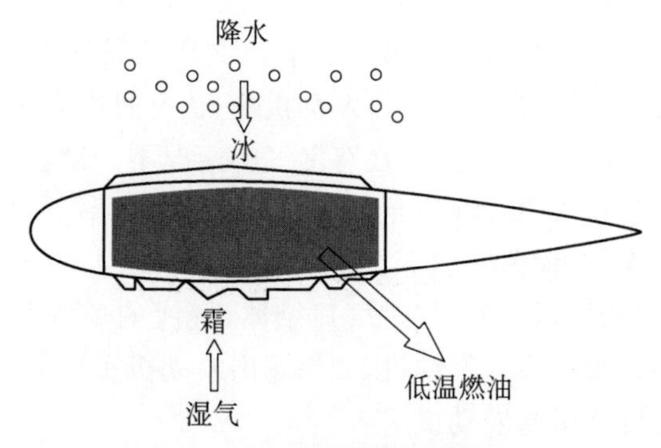

图 2-5 机翼油箱冷浸透结冰

结冰还会对飞机的升力特性产生影响。

2.6 其他部件结冰

其他部件包括环控冲压空气进气口、冲压空气涡轮(RAT)、燃油通风口等。根据经验,这些部件结冰通常会影响系统工作的效率,而不会直接危及飞行安全,但是,同样需要进行相应的分析和/或试验,确认其对飞行安全的影响程度,必要时进行结冰防护。

参考文献

[1] 11·21 包头空难[EB/OL]. (2018-05-03)[2018-08-24]. https://baike.sogou.com/v56822264.htm? fromTitle=11%C2%B721%E5%8C%85%E5%A4%B4%E7%A9%BA%E9%9A%BE.

[2] Air France Flight 447[EB/OL]. (2018-08-20)[2018-08-24]. https://en.wikipedia.org/wiki/Air_France_Flight_447.

[3] FAA. Aircraft Ice Protection (AC 20-73A)[S]. FAA, 2006.

3　飞机防/除冰的方法

飞机防冰的方法通常包括热气防冰、电热防冰、气动套除冰、液体防冰、电脉冲除冰等。在运输类飞机上常用的方法是热气防冰、电热防冰和气动套除冰，下面对以上三种防冰方法做重点介绍。

3.1　热气防冰

3.1.1　热气防冰概述

大型运输类飞机通常使用热空气防冰系统。来自发动机压气机/辅助动力装置(APU)的热空气，经过导管、阀门、笛形管等部件后供往防护表面。

3.1.2　热气防冰系统案例

1）机翼热气防冰

机翼防冰系统从发动机高压压气机(对于双转子发动机)的低压级和高压级引出的热空气作为主要的能量源，来保持机翼前缘的临界区域无冰，在一般的爬升和巡航情况下，就会用低压级的引气来进行防冰操作。但是在有些情况下(如下降)，低压级压力并不足以除掉冰，这时发动机引气就会转至高压级。来自发动机压气机的热空气首先进入预冷器，预冷器使用风扇级空气将引气总管的温度降低到400℉[①]左右，然后通过机翼防冰控制阀以及管路被输送至机翼。每一个发动机都分别为其各自所处的机翼提供热气，并且不同侧之间都有交叉的供气，以应对单一引气源情况下的两侧机翼的供气需求。

机翼防冰系统通常包含有一个引气温度控制系统，一条绝热的输送管道，一个为机翼前缘部分提供防冰空气的分配系统，位于加热区域的空气管路以及排气道。机翼防冰系统的管道一般由铝合金制成。机翼前部区域的空气分配使用笛形管组件，笛形管组件通过机翼内部，由按照一定间隔布置的肋片支撑。用于支撑笛形管

---

① ℉为温度单位华氏度，与摄氏度换算：$T_C=(T_F-32)/1.8$。

的肋片底座包围了绝缘材料，这样可以防止肋片吸收导管带来的热量。在笛形管后面是一个前缘隔板，用于支持双壁结构使热空气贴近机翼表面。在前缘隔板后面是一个由前梁构成的腔体，用来将油箱分开，如图 3－1 所示。

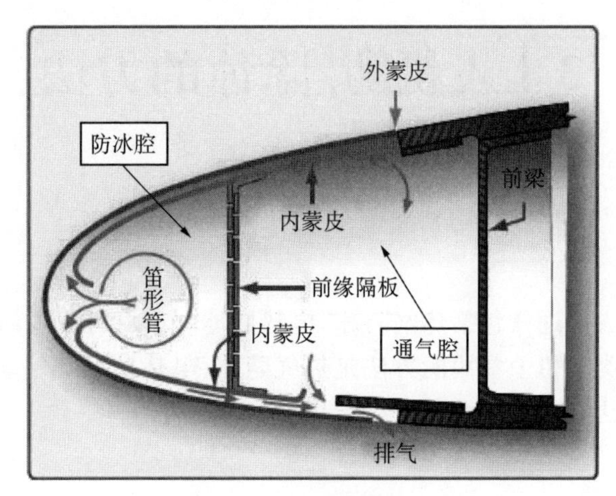

图 3－1 机翼前缘防冰腔

通常在每个机翼的引气回流段处都安装有一个温度传感器，机翼防冰温度传感器会持续监控排气温度，从而间接地监控机翼蒙皮的温度，过热/欠热探测则可通过过热控制开关和欠热控制开关来实现。引气控制器通过调节机翼防冰阀门的开度大小将防冰腔的排气温度维持在规定的范围内。

笛形管喷孔孔口朝向水滴撞击的方向，以便更好地将撞击的水蒸发掉，空气从笛形管小孔处以声速喷出。射流喷射到机翼前缘内侧蒙皮后，将热量传递给蒙皮并且通过蒙皮内部的双层壁面往后流动，最终流至通气腔中。两个引气源对应的供气管道之间可以安装交叉导管，这样可以保证在必要的情况下使用单个引气源为两个机翼提供热气。交叉导管在任何时候都允许引气在其中交叉输送。如果任何一个机翼内的笛形管破裂，引气则会从该开口处排出。这时飞行员会收到一个或者多个机翼温度过低的 EICAS 警告信息，然后手动关闭机翼防冰系统。

缝翼内的笛形管通过伸缩管与供气主管连接，以便在缝翼伸出、收上以及运动过程中将热空气供往缝翼。

有些系统的自动启动功能在地面、起飞期间以及在 35 000 ft 以上的高空时会被抑制，但是可以通过将驾驶舱头顶板上的防冰开关拨向开启的位置来手动启动机翼防冰系统。在自动位时，当控制器收到结冰探测信号，且系统未处于抑制状态时，机翼防冰系统将自动开启；持续无结冰探测信号 120 s 后或收到轮载信号，将会关闭机翼防冰系统。防冰系统地面开启时间不超过 30 s，以防止缝翼结构过热。

2）短舱热气防冰

短舱热气防冰系统通常由短舱防冰活门、阀门控制器和压力传感器等组成。为了提高系统的签派率，某些系统的防冰活门不止一个，可包括压力调节关断阀（PRSOV）以及压力调节阀（PRV）。短舱防冰的气源来自于发动机引气口，系统打开时，PRSOV 和 PRV 打开，阀门控制器根据两个压力传感器的信号调节 PRSOV 的开度，高温引气由 PRSOV 调节至规定的压力后经 PRV 供往进气口前缘。如果 PRSOV 丧失电源，PRSOV 将保持在开位。PRV 是纯气动阀门，不使用电控制，当 PRSOV 失效打开时，PRV 将供往发动机进气口前缘的热空气压力控制在 45 psi 左右[①]，这时供气流量将大于正常情况。发动机进气口的材料为铝合金，其最高设计温度限制为 595℉。如果在飞行前发现 PRSOV 失效，飞机仍然可以在已知或预报的结冰条件下签派，这时 PRSOV 将被手动锁定在中间位置，以减少发动机引气对发动机性能的影响。

PRV 出口的热空气通过双层套管后进入直流喷嘴或笛形管用于短舱前缘唇口的防冰。

直流喷嘴利用引射的原理，将热空气与前缘空腔内的空气混合并形成旋流，从而达到使整个防冰腔体内温度尽量均匀的目的。与笛形管相比，使用直流喷嘴可减少系统重量。直流喷嘴的缺点是温度均匀性没有笛形管好，在喷嘴直接对着的前缘部分会形成一个热点，而在腔体旋流的最后部分温度较低。

3.1.3　热气防冰的优缺点

热气防冰系统的优点是系统成熟度高，简单可靠。缺点是效率较低，很大一部分能量被浪费掉了。由于需要将热气传输到相应的防护表面，用于传输的管路重量较大，且需要考虑高温管路的绝热和泄漏探测等防火方面的问题。对于供气的笛形管，一般采用声速射流，会产生较大的噪声。另外，由于热气防冰的热量是通过内部空腔传递到外部防护表面的，因此不适用于导热性能差的复合材料部件。

3.2　电热防冰

3.2.1　电热防冰概述

电热防冰是通过电加温的形式防止飞机部件结冰，由于需要较大的电量，这种防冰形式通常应用于较小的部件，典型的可使用电防冰的部件如空速管、总温探头、攻角传感器、结冰探测器、风挡、涡桨发动机进气口等。某些采用多电架构的飞机，如波音公司的 B787，具有充足的电源供应，在机翼等较大的防护区域也使用了电防冰系统。

---

① psi 为压力单位磅力每平方英寸，1 psi＝6.895×10^3 Pa。

电加温有多种方法，例如内置的线圈、外部包裹的加温带或加温毯以及导电薄膜等。

B787飞机每个机翼前缘防冰加温部件由15层碳纤维布、1层玻璃纤维布，1层喷涂加热层、另1层玻璃纤维布和另15层碳纤维布以及表面防侵蚀层组成。加热层使用高温液态金属喷涂工艺将电阻加热电路嵌入到基体材料上。玻璃纤维布的目的是防止碳纤维材料和金属喷涂层产生电化学腐蚀。喷涂层的厚度与所需的加热功率有关，厚度越厚电阻越小。

另一种新的方法是使用特殊的碳纳米管，将碳纳米管纺织成10 μm厚的薄膜，大约相当于A4纸的厚度。由于纳米管之间的空气间隙，该薄膜是电的不良导体，在通上电流后，薄膜的温度会瞬间升高。

风挡和窗户的电加温层通常夹在玻璃层之间，为了承受座舱压差载荷和鸟撞，风挡玻璃较厚，由于玻璃是热的不良导体，为了同时满足外表面防冰和内表面防雾的要求，一般会设置内外2层加温层。电加热膜由铟锡氧化物或者黄金组成，通过真空沉积的方法附在玻璃上。

风挡的多层材料之间通过压力和加温的方法粘合在一起，组成一个整体。同时，为了监视和控制风挡的温度，风挡内还会集成若干个热敏电阻。

3.2.2 电热防冰系统案例

1) 机翼电热防冰

目前唯一使用电热机翼防冰系统的运输类飞机是波音公司的B787飞机，系统供应商是英国的GKN航空。

B787全机共安装8块电加热部件，每块加热部件上有3个加温垫，每个加温垫分2个加温区域，全机总共48个加温区域。这些加温区域在控制器的控制下按照一定的时间顺序上电加温，从而降低在同一时间的功率需求。

对于像B787大小的飞机，在除冰模式下，系统的加温功率范围为45～75 kW，在防冰模式下，系统的加温功率范围为150～200 kW。

2) 螺旋桨电热防冰

大部分螺旋桨飞机的螺旋桨采用电防冰。螺旋桨前缘安装有电加热元件，电加热元件被嵌入到橡胶中，并粘合在叶片前缘，大概从桨叶根部到叶片长度的2/3处。橡胶通常由一个细金属网保护，用于抵挡小石子可能造成的损伤。

螺旋桨的桨毂整流罩和涡桨发动机的前缘也可以使用这个方法防冰，并通过自动定时开关自动顺序开启的方法降低对电功率的需求。

某些系统的自动循环速度按照不同的环境温度分为两挡，当环境温度在－6～10℃之间并有可见湿气时使用快速挡，当环境温度低于－6℃时使用慢速挡。

3) 驾驶舱窗户加温

驾驶舱窗户包括风挡和侧窗。风挡具有防冰/防雾功能，侧窗通常仅具有防雾功能。风挡加热系统由加热膜、温度传感器、风挡加热控制器、控制开关等组成。

前风挡主加热器的功率通常为 5 W/in²① 左右，前风挡备份加热器和侧窗加热器的功率为 1 W/in² 左右。

当飞机上电且驾驶舱内的风挡加温开关设置在“开”位时，风挡加温系统自动开启。在地面刚开始上电加温时，风挡加热控制器为窗户提供正常功率的 1/3 左右，持续一段时间后才以 100%的功率加温，用来避免热冲击。

窗户玻璃上集成的温度控制传感器保证玻璃温度控制在一定的范围之内。如果温度传感器感受到的温度超出规定值，则系统显示超温。侧窗加温的控制逻辑与风挡加温类似。

主风挡和侧窗内集成有 2 层加热膜，正常情况下只有外侧加热膜工作，在外侧加热膜失效的情况下，内侧加热膜可以自动启动，作为防雾功能的备份。

在系统失效的情况下，驾驶舱 EICAS 显示器上会有相应的 EICAS 信息。

3.2.3　电热防冰的优缺点

电热防冰系统的主要优点是效率高，加温功率控制灵活，相对热气防冰系统可节约一半的能量。另外，由于没有排气孔，飞机的阻力和噪声比传统的热空气防冰系统有所改善。但是，由于传统飞机电功率的限制，目前电防冰系统通常只能应用于较小的防护表面。

3.3　气动套除冰

3.3.1　气动套除冰概述

气动套通过交替膨胀与收缩机械地除去表面上的冰。气动套膨胀使冰破成粒状且破坏了附着在表面上的冰，然后利用气动力或者离心力除去冰，如图 3－2 所示。

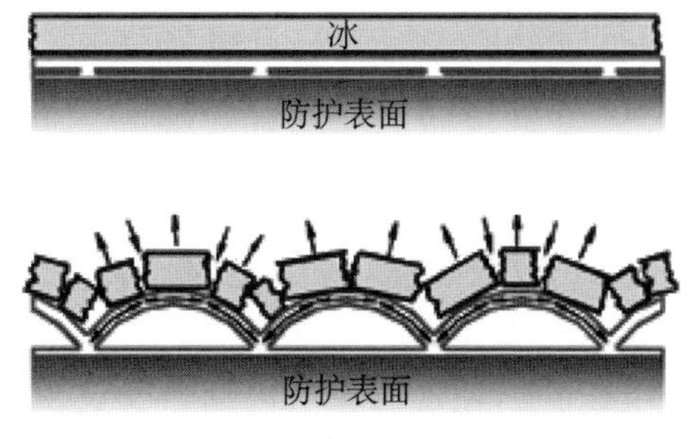

图 3－2　气动套除冰

① in 为英制长度单位英寸，1 in=2.54 cm。

通常气动套沿展向布置，如图 3 - 3 所示。但也有些设计中是沿弦向放置。弦向气动套阻力比展向气动套小，但会给制造造成困难。弦向的覆盖面可由计算或者试验确定的撞击极限来决定。

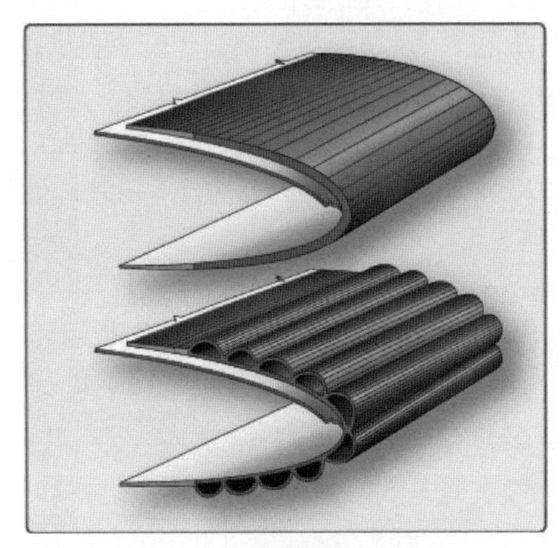

图 3 - 3　展向布置的气动套

一般气动套是由多层橡胶纤维或其他的弹性材料做成，如图 3 - 4 所示。材料环绕并且通过胶水粘在机翼或者尾翼前缘除冰表面。

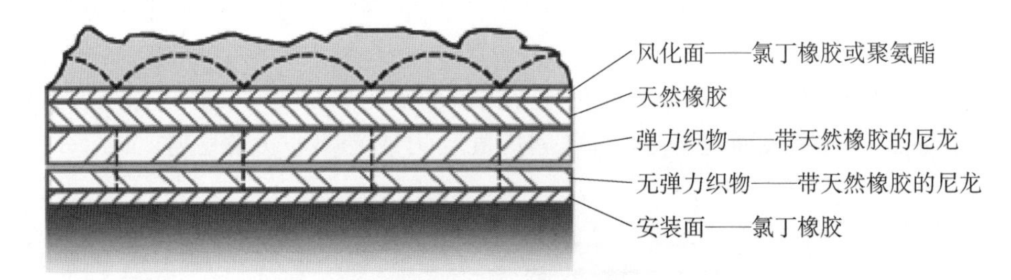

图 3 - 4　气动套的组成

典型气动套的总厚度通常小于 0.1 in(2.54 mm)。充气压力范围为 18～22 psi，充气时间为 2 s 左右。在抽吸状态下的耐受温度为－65～145℉，在充气状态下的耐受温度范围为－40～60℉。

在较大的涡轮螺旋桨飞机上，使用若干气动套分段安装在机翼前缘，这些气动套对称地交替工作。这样一来同一时间只有一部分气动套处于膨胀状态，从而使气动套膨胀对机翼表面气流分离的影响降至最低。

气动套除冰系统通常应用于机翼除冰，也有部分用于雷达罩和发动机进气口的案例。

3.3.2 气动套除冰系统案例

典型的涡轮发动机飞机的气动套除冰系统通常包括气动套、控制面板、压力调节与释压阀、时序控制器、管路、引射文氏管等。

除冰系统采用发动机引气作为系统工作的气源。由引气系统提供的发动机引气首先经过调压释放活门,将引气压力调节至规定值。调压后的引气流向分配活门。在除冰系统一般会设置多个分配活门,用来为相关的气动套提供压力/真空。在系统启动后,除冰系统控制器将会按照预先确定的顺序周期性地对分配活门内的电动阀通电。当除冰系统控制器对分配活门内的其中一个电动阀通电时,电动阀将会打开,让气流由相应的出口流向气动套,对气动套充气,使得气动套膨胀鼓起,破除气动套表面的结冰,破碎的冰块随气流被吹走,从而达到除冰的目的。在除冰系统控制器停止对分配活门内的电动阀通电后,分配活门将通过其内部的引射器利用发动机引气来对相应的气动套引射抽真空,使得气动套紧贴飞机结构。

在除冰系统管路位置低处通常需要设置排水活门,用来排出系统内的冷凝水。当管路中的压力低于设定压力时活门将会自动打开,排出系统内的冷凝水。在排水活门、分配活门中都含有加热器,用来防止气流中的游离水在其内部冻结而造成系统不能正常工作。

3.3.3 气动套除冰的优缺点

气动套除冰系统比较成熟,系统工作所需的引气流量较小,重量轻。该系统的缺点是机翼上的气动除冰罩会膨胀,产生额外的气动阻力,由于冰与气动套的结合力,在防护表面会存在残留冰,因此影响除冰效果。气动套的材料随时间增长而老化,因此要定期检查以确定是否要更换。另外,大气中的水汽在低温地面停放情况下可能凝结成游离水并冻结在管路中,影响系统的工作。

参考文献

[1] Flight Standards Service. Aviation maintenance technician handbook-Airframe. Volume 2 Chapter 15. Ice and Rain Protection [M]. US: Newcastle, Wash.: Aviation Supplies & Academics, 2012.

[2] 787 Anti Ice and Rain [EB/OL]. (2018-08-24)[2018-08-24]. https://quizlet.com/26784349/787-anti-ice-and-rain-flash-cards/.

[3] Mike Sinnett. 787 No-Bleed Systems: Saving Fuel and Enhancing Operational Efficiencies [EB/OL]. (2008-08-05)[2018-08-24]. http://www.boeing.com/commercial/aeromagazine/articles/qtr_4_07/article_02_4.html.

[4] JEFF SLOAN. 787 integrates new composite wing deicing system [EB /OL]. (2008 - 12 - 30) [2018 - 08 - 24]. https://www. compositesworld. com/articles/787-integrates-new-composite-wing-deicing-system#carouselcc747a8b-c4a3-441d-a844-63fb3c9dc7f8.

[5] Heinrich A, Ross R, Zumwalt G, et al. Aircraft Icing Handbook. Volume 2 [M]. Aircraft Icing Handbook, 1991.

4 结冰探测的方法

4.1 目视探测

目视结冰探测方法包括观察风挡雨刮臂上、窗角出现的冰积聚，或者目视观测机翼前缘上结冰，为了便于夜间观察结冰情况，一般还在机身中部机翼前方的左右两侧安装探冰灯，探冰灯是一种专用的聚光灯，外形和普通灯差不多，当接通探冰灯电门，灯光集中到机翼前缘。然而，从驾驶舱并不总能看清机翼前缘，尤其是后掠翼或旋翼类飞机。因此，某些飞机在左右主风挡之间安装有探冰棒，在探冰棒的头部安装有照明装置，便于在夜间飞行时判断是否进入结冰区。

探冰棒是最简单的直观式结冰探测器。探冰棒的结构做成翼型截面，由于它的尺寸小，在轻微结冰状态下便会结冰，在探冰棒的旁边安装有聚光灯，给探冰棒照明，以保证探冰棒在夜间飞行的作用。

探冰棒设在机外驾驶员最容易看到的地方，当发现结冰后，驾驶员人工接通防冰系统，探冰棒内装有电加热器，当接通防冰系统时也接通了探冰棒本身的电加热器，以除去探冰棒上的冰，保证下次进入结冰状态时探冰棒可以继续发挥作用。

4.2 温度和可见湿气

使用温度和可见湿气判断结冰条件同样是一种可接受的结冰探测方法。对于机翼前缘的滞止点来说，其温度与总温传感器基本一致。对于下游的机翼上表面气流加速区，其温度会低于总温传感器感受到的温度。在飞机总温传感器探测到的某一个总温条件下，如果在所有水滴撞击区域的局部温度都高于0℃，则认为前缘表面不会结冰。从另一个方面来说，如果总温低于该温度，在空气中存在液态水的情况下，前缘某些区域可能会结冰。从而可以将该温度和可见湿气的组合作为确定是否存在结冰条件的依据。通常情况下，在总温低于8～10℃并且存在可见湿气时，飞机前缘部件可能会结冰，具体温度应当根据实际的气动外形计算并附加一定的余量来确定。

应当在AFM中定义该温度和可见湿气来判断是否进入结冰气象条件，典型的定义如下：

当总温小于或等于10℃并且存在任何形式的可见湿气(如云、能见度小于或等于1 mi[①]的雾、雨、雪、雨夹雪或冰晶)时，存在结冰条件。

当地面或起飞时外界温度小于或等于10℃，飞机在机坪、滑行道或跑道上运行时，如果其表面或溅起的雪、冰、积水可能被发动机吸入或冻结在发动机、短舱或发动机传感器探头，或者存在任何形式的可见湿气(如云、能见度小于或等于1 mi的雾、雨、雪、雨夹雪或冰晶)时，则也存在结冰条件。

4.3 结冰探测器

结冰探测器包括多种类型，例如磁致伸缩式、热线式、平衡电桥式、热流式、电容式、电导式、平膜式、微波式、超声脉冲-回波式、红外阻断式、总温和液态水测量式等，这里重点介绍目前在运输类飞机上最常用的磁致伸缩式结冰探测器。

铁磁性物质由于磁场的变化，其长度和体积都要发生微小的变化，这种现象称为磁致伸缩。磁致伸缩量随磁场强度的增加而增大，直至饱和。现在使用较多的磁流变材料主要是镍、铁合金和镍铁氧体。

磁致伸缩结冰探测器是目前在运输类飞机上运用最广泛的探测器，这种探测器具有强度高、可靠性好、性能稳定等特点。典型的磁致伸缩结冰探测器包括高可靠性的支柱和探头加热器、高收集系数的传感器探头(探头的振动频率随冰积聚量而改变)、安装法兰、低气动阻力的支柱、高可靠性的微电路、自检测系统、结冰信号输出端口，其结构形式如图4-1所示。

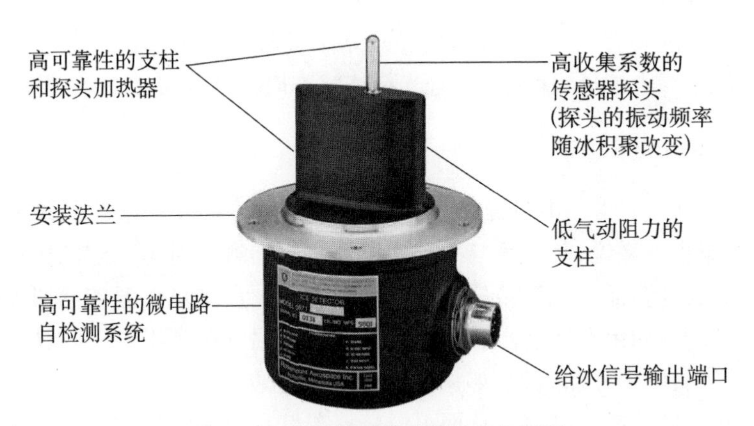

图4-1 典型的磁致伸缩结冰探测器

① mi为长度单位英里，1 mi=1.609 km。

下面以古德里奇公司生产的某磁致伸缩结冰探测器为例说明其具体的工作过程。结冰探测器使用超声速轴向振动探头来探测是否存在结冰条件。这个传感器探头是一根镍合金管，它被安装在探测器支柱的中间，暴露在气流中。这根管有着磁致伸缩的特性，它会受磁场变化的影响伸长和压缩。磁场是由安装在支柱内部的磁铁产生的，并且由探头管下半段周围的驱动线圈来进行调节的。以上部件加上拾波线圈和电子比较仪，组成了一个磁致伸缩的振荡器回路，用来依次为驱动线圈提供信号。这个传感探头的共振固有频率是 40 kHz。当遇到结冰情况时，随着冰的不断积聚，传感器的振动频率会降低。当探头上的冰积聚到 0.020 in 厚时，其固有频率会下降 130 Hz。传感器探测到并通告该频率降低的信号，从而开启机翼防冰系统。当传感器上的冰层厚度达到 0.060 in 时（相当于频率下降 390 Hz），内部支柱和探头加热器会启动。加热器的功率会定到一个预设的点，加上一个额外的延迟来确保能完全将冰除掉。一旦冰除掉后，传感器的探头会在几秒钟的时间内冷却下来。只要结冰条件继续存在，该循环就会不停地重复。结冰强度是通过测量循环率来确定的，如图 4-2 所示。在单位时间内结冰/除冰的循环次数越多，说明结冰强度越大。

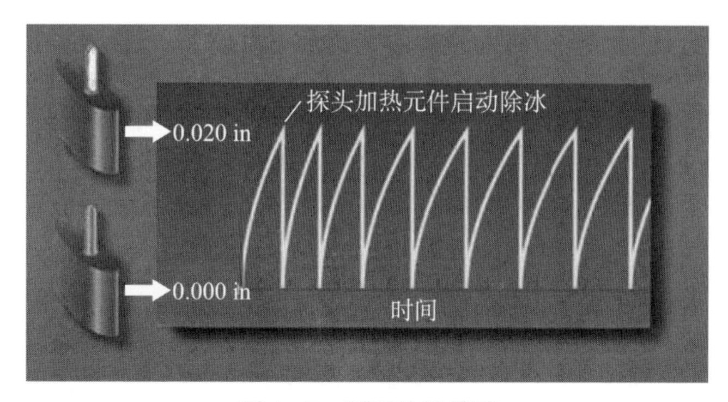

图 4-2　循环的计算图

参考文献

[1] FAA. Aircraft ice protection (AC 20-73A) [S]. FAA, 2016.

[2] FAA. Compliance with the ice protection requirements of section 25.1419(e), (f), (g), and (h)(AC 25.1419-2)[S]. FAA, 2009.

[3] SAE. Aircraft ice detectors and icing rate measuring instruments (SAE AIR 4367V001) [S]. SAE, 2007.

[4] Hickman G A, Gerardi J J, Feng Y X, et al. Icing sensor and ice protection system, revision 3. NASA CR-194245 [R]. NASA, 1990.

5 结冰相关条款要求及符合性方法

5.1 概述

在飞机表面与部件、飞机发动机和螺旋桨上的冰污染会引起不安全的飞机运行状态(见第2章)。型号合格证的申请人可以寻求在已知或预报有结冰的条件下运行的批准,但即使是没有获得批准的申请人,也必须保护其飞机发动机和特定的飞机部件在暴露于非预期大气结冰条件下免遭冰吸入和冰污染。

对于不要求按在已知或预报结冰条件下运行进行审定的飞机,机体和飞机发动机型号合格证的申请人必须为飞机发动机、机体和机体部件提供防冰,以满足非预期进入结冰条件的运行。以CCAR-25-R4为例,相关的条款要求如表5-1所示。

表5-1 不按在已知或预报结冰条件下运行进行审定的飞机防冰要求

影响区域	相关条款
结冰条件	附录C
气动弹性稳定性(结构振动和颤振)	25.629(d)(3)
操纵系统设计	25.685(a)
发动机、发动机安装以及用于发动机和发动机附件冷却的进气系统	25.901(c) 25.939 25.941 25.975 25.1093 25.1105
安装用于防冰的动力装置结冰保护系统或燃油系统加温器的工作指示	25.1305(c)(5)
大气数据系统	25.1323(i) 25.1325(b) 25.1326

预期在已知或预报结冰条件下运行的飞机,其型号合格证与补充型号合格证申

请人必须为其飞机发动机、机体和机体部件提供防冰以确保飞机和飞机发动机在已知或预报结冰条件下运行的安全性。除了表 5-1 的要求外，还必须满足表 5-2 中 CCAR-25-R4 的条款要求。

表 5-2 按预期进入已知或预报结冰条件运行进行审定的飞机防冰设备和系统的补充防冰要求

影响区域	相关条款
风挡与驾驶舱视界	25.773(b)(1)(ii) 25.775(d)
发动机及其安装(对因延长暴露于结冰条件而引起的冰吸入作重新评定)以及用于发动机和发动机附件冷却的进气系统	25.903 25.1093
螺旋桨	25.929
机体结冰与空中结冰条件下运行安全性	25.1403 25.1419

上述条款为直接与结冰相关的条款，但是对于完整的防冰系统符合性验证来说，除了满足防冰相关的要求以外，系统的验证还必须满足 CCAR-25-R4 的通用条款的要求，如表 5-3 所示。

表 5-3 适用于所有防冰设备和系统的其他条款要求

影响区域	相关条款
防冰设备和系统的设计与构造	25.859(i)(2)、25.601、25.603 25.605、25.607、25.609、25.611、 25.613
结冰保护系统对其他系统、部件工作的影响和要求(如因为结冰保护系统引入的易燃性保护、强电场和电磁干扰作用)	25.863、25.1013(d)(2)、25.1199(b)、 25.1307(c)、25.1309、25.1327、25.1351、 25.1353、25.1357
燃油箱防点燃	25.981
结冰保护系统设备的适当功能与安装	25.1301、25.1309
其他设备	25.1455
飞行员信息与使用限制	25.1525、25.1583、25.1585
结冰保护系统的持续适航资料(可以包括结冰保护系统的检查和维修信息)	25.1529

另外，为了证明飞机的防护能力足以保证在结冰条件下的安全运行，还必须验证飞机在结冰条件下对 B 分部相关条款的符合性。根据 CCAR 条款 25.21“证明符合性的若干规定”g 款的要求，除条款 25.121(a)、25.123(c)、25.143(b)(1)和(b)(2)、25.149、25.201(c)(2)、25.207(c)和(d)、25.239 以及条款 25.251(b)～(e)

之外，在结冰条件下必须满足 B 分部的各项要求(见表 5－4)。

表 5－4 B 分部的要求

影响区域	相关条款
总则	25.21、25.23、25.25、25.27、25.29、25.31、25.33
性能	25.101、25.103、25.105、25.107、25.109、25.111、25.113、25.115、25.117、25.119、25.121(b)(c)(d)、25.123(a)(b)、25.125
操纵性和机动性	25.143(除(b)(1)和(b)(2)以外)、25.145、25.147
配平	25.161
稳定性	25.171、25.173、25.175、25.177、25.181
失速	25.201(除(c)(2)以外)、25.203、25.207(除(c)(d)以外)
地面和水面操纵特性	25.231、25.233、25.235、25.237
其他飞行要求	25.251(a)、25.253、25.255

对于不在已知结冰条件下飞行的飞机，则不要求在结冰条件下符合 B 分部的条款，但是应当演示飞机有能力在意外遭遇结冰条件下安全脱离。

在本章下面的小节中，将对在已知结冰条件下飞行的主要条款的要求及符合性方法做概要介绍。

5.2 飞行性能相关条款要求及符合性方法

5.2.1 条款 21.21 证明符合性的若干规定

在结冰条件下飞机合格审定要求的符合性方法演示可以通过分析、人工冰形飞行试验、自然结冰飞行试验等一种或几种方法的组合来完成。

审定经验表明在演示飞机操纵品质时，通常没有必要考虑螺旋桨、进气系统或不工作发动机部件上的积冰。同样，对飞机上积冰重量通常也不需要考虑。传统设计的飞机在申请结冰条件下飞行合格审定时，通常没有必要对以下 25 部条款进行额外详细的验证：

条款 25.23 载重分布限制；

条款 25.25 重量限制；

条款 25.27 重心限制；

条款 25.29 空重和相应的重心；

条款 25.31 可卸配重；

条款 25.231 纵向稳定性和操纵性；

条款 25.233 航向稳定性和操纵性；

条款 25.235 滑行条件；

条款 25.253(a)和(b)高速特性；

条款 25.255 失配平特性。

如果在结冰条件下飞行时使用了不同的失速警告系统或失速识别系统激活设置(如当结冰保护系统激活时失速警告或失速识别系统激活设置改变)，那么当机翼表面没有冰时，设置可以返回到无冰的设置，但必须保证对无冰状态的判断是可靠的。

5.2.2 条款 25.23 螺旋桨速度和桨矩限制

如果结冰导致螺旋桨气动特性改变，如桨叶表面气流提早分离，导致桨尖失速、振动、噪声增大等，则可能有必要对螺旋桨在结冰条件下工作制定附加的螺旋桨速度限制。

5.2.3 条款 25.101 性能——总则

对每种飞行状态的可用推进功率或拉力，必须同飞机在结冰条件下的使用限制和正常程序相适应。

通常，当相应的飞行试验有要求时(如要求确定表明条款 25.119 符合性的可用功率或拉力)，通过合适的分析和验证确定可用推进功率或拉力是可以接受的。

确定结冰条件下飞行对性能的改变应该考虑下列情况：

(1) 正常使用冰防护系统时，因推进系统部件包括发动机进气系统、其他发动机部件和螺旋桨桨毂和桨叶上的冰积聚引起的推力损失。

(2) 在冰防护系统正常工作时，因冰积聚引起的机体阻力的增加。

(3) 飞行手册(AFM)中结冰条件对使用速度的改变。

因起落架、螺旋桨、进气系统和发动机部件上的冰积聚效应引起的任何阻力的增加(或者是推力的减小)可以通过保守的分析或飞行试验来确定。审定经验也表明后流冰对螺旋桨有重要影响，因此，应关注在螺旋桨上的后流冰，可能要求在自然结冰条件下进行性能检查或使用螺旋桨效率损失的假设。

除了考虑在结冰条件下运行使用相应速度调节，任何制定的起飞或复飞程序的改变应征得局方①的同意。

5.2.4 条款 25.103 失速速度

满足本条款要求的审定经验表明：传统设计的飞机没有必要单独确定马赫数对带有冰积聚飞机的影响。

中间高升力构型(如起飞构型)的失速速度一般可以通过内插获得。然而，如果失速识别系统(如推杆器)的触发点设置是高升力构型的函数或依据结冰条件，或者随着后缘襟翼放下会带来明显的形态改变(如同时放下前缘缝翼高升力装置)，那么

① 局方是对 CAAC、FAA、EASA 等适航审查机构的统称。

必须进行附加试验。

下面提供了一个可接受的满足上述条款的试验程序。

(1) 飞机构型相应的前重心。

(2) 非结冰试验使用的失速试验高度。

(3) 以下形态和冰形条件下，在初始速度 1.13V_{SR}到 1.30V_{SR}配平，以不超过每秒 1 kn 的减速率减速，直到获得可接受的失速特征。

① 高升力装置收起形态，起飞最后阶段冰形。

② 高升力装置收起形态，航路冰形。

③ 等待形态，等待冰形。

④ 最低升力起飞形态，等待冰形。

⑤ 最高升力起飞形态，起飞冰形。

⑥ 最高升力着陆形态，等待冰形。

5.2.5 条款 25.105 起飞

在附录 C 中规定起飞结冰条件下，如果最大起飞重量的飞机失速速度超过非结冰条件下 3 kn 校正空速或 3%V_{SR}的较大者，或条款 25.121(b)规定的爬升梯度的降低超过条款 25.115(b)所规定的适用实际与净起飞飞行航迹梯度减量的一半，就需要考虑起飞冰积聚对起飞性能的影响。这些影响包括条款 25.107 规定的起飞速度，条款 25.109 规定的起飞加速停止距离，条款 25.113 规定的起飞距离、起飞滑跑距离，以及条款 25.115 规定的净起飞飞行航迹。

5.2.6 条款 25.107 起飞速度

根据条款 25.105 要求，如果需要考虑在结冰条件下的起飞速度制定，其要求与无冰条件下相同。通常应按无冰条件下的符合性方法对起飞特征速度进行试飞演示。

5.2.7 条款 25.109 加速-停止距离

为符合本条款要求，任何因在结冰条件下起飞，引起 V_1 增加的影响可以用合理的分析确定。

5.2.8 条款 25.111 起飞航迹

按照条款 25.105(a)，如果条款 25.121(b)规定的起飞形态下，带有附录 C 中定义的起飞冰积聚的 V_{SR}超过非结冰条件下同样形态的失速速度 3 kn 或 3%，就应进行起飞评估来确定结冰条件下起飞的速度和起飞距离。起飞速度的增加、推力损失和起飞航迹上阻力增加的影响可以通过合理的分析来确定。

5.2.9 条款 25.113 起飞距离和起飞滑跑距离

在结冰条件下的起飞距离和起飞滑跑距离要求与无冰情况相同，需结合条款

25.105 起飞速度试验对起飞距离和起飞滑跑距离进行评估。

5.2.10　条款 25.115 起飞飞行航迹

在结冰条件下的起飞飞行航迹确定与无冰条件下方法相同。

5.2.11　条款 25.117 爬升：总则

条款 25.117 为总则性条款要求，当条款 25.119 和条款 25.121 满足在结冰条件下要求时，此条即满足。

5.2.12　条款 25.119 着陆爬升：全发工作

对于结冰条件下，本条款要求在带有附录 C 定义的着陆冰积聚情况下，全发复飞的定常爬升梯度不得小于 3.2%。

以下是一个表明条款 25.119 符合性可接受的试验程序。

（1）等待冰形。

（2）飞机相应形态的前重心。

（3）最高升力着陆形态、着陆爬升速度不大于 V_{REF}。

（4）在特定的速度下保持稳定，进行两个爬升或极曲线检查。

5.2.13　条款 25.121 爬升：单发不工作

当飞机准备起飞或进近时因机场周围净空条件差或飞机本身有故障，如单发，为确保安全起飞，飞机必须具有一定单发条件下的爬升梯度能力。因此制定本条款，对非结冰和结冰条件下的起飞和进近爬升梯度提出要求。条款 25.121(a)、(b)和(c)分别对应于起飞飞行航迹的爬升第一阶段、第二阶段和爬升最终阶段，条款 25.121(d)对应于进场形态的复飞爬升，所有阶段都是一发停车状态下的爬升。

以下是一个表明条款 25.121 符合性可接受的试验程序。

（1）飞机相应形态的前重心。

（2）单发不工作（或者模拟发动机不工作，如果一台不工作发动机的相关影响已考虑）在特定的速度下保持稳定，在以下每个飞机形态下进行两个爬升或极曲线检查来证实不对称阻力的增加。

① 高升力装置收起形态，起飞最后阶段爬升速度，起飞最后阶段冰形。

② 最小升力起飞形态，起落架收起状态，V_2 爬升状态，起飞冰形。

③ 相应于最高升力着陆构型的进场形态，起落架收起，进场爬升速度，等待冰形。

5.2.14　条款 25.123 航路飞行航迹

本条款旨在表明飞机对航路飞行航迹的要求，要求结冰条件下的单发停车净飞行航迹数据满足规定的值。

以下是一个表明条款 25.123 符合性可接受的试验程序。

（1）航路冰形。

（2）飞机相应形态的前重心。

（3）航路形态和爬升速度。

（4）单发不工作(或者模拟发动机不工作，如果不工作发动机的相关影响已考虑，)在特定的速度下保持稳定，进行两个爬升或极曲线检查来证实不对称阻力的增加。

5.2.15 条款 25.125 着陆

为了符合本条款的要求，由于结冰导致着陆速度的增加对着陆距离的影响可以通过分析确定。

5.2.16 条款 25.143 操纵性和机动性——总则

为表明对操纵性和机动性的符合性，通常需要定性和定量评估，这取决于符合性演示的清晰程度或如果接近条款 25.143 要求的力限制或每 g 杆力限制，那么需要额外的验证来确保飞机的符合性，包括一般的操纵性和机动性、横向操纵特性、低 g 机动和侧滑、结冰防护系统启动和运行之前的操纵性。

1）一般的操纵性和机动性

下面提供了一个可接受的满足上述条款的试验程序来评估一般操纵性和机动性符合性。

（1）等待冰形

（2）中等偏轻的重量，后重心，对称燃油加载。

（3）按表 5－5 列出的构型，在要求的速度配平，并进行下列机动。

① 使用快速的反向操纵进行 30°坡度的左右转弯。

② 拉起到 1.5g(除了在 V_{REF} 速度以外，可以使用 1.3g 限制)，推杆到 0.5g(除了在 V_{MO} 和 V_{EF} 速度以外，不要求推杆)。

③ 放下和收起减速装置。

表 5－5 操纵性和机动性-配平速度

形 态	配平速度
高升力装置收起形态	1.3V_{SR}；V_{MO} 或 250KIAS* 的小者
最小升力起飞形态	1.3V_{SR}；V_{FE} 或 250KIAS 的小者
最高升力着陆形态	V_{REF}；V_{FE} 或 250KIAS 的小者

* KIAS 代表指示空速，又称表速，它是根据测量得到的动压，并按海平面标准大气条件下空速与动压的关系而表示的速度值

（4）最小升力起飞形态：在 1.13V_{SR} 或 V_{2MIN} 的大者，一发不工作(模拟)，使用正常的反向转弯进行 30°坡度左右转弯，机翼水平飞行，5 kn 速度的增加和减小。

(5) 按照飞行手册进场和复飞程序进行全发工作的一次进场和复飞。

(6) 按照飞行手册进场和复飞程序进行单发不工作(模拟发动机失效)的一次进场和复飞。

(7) 按照飞行手册的进场和着陆程序进行一次进场和着陆。另外,在着陆时候应演示 $V_{REF}-5$ kn 时有满意的操纵性。这些试验应在大重量和前重心的情况下进行。

(8) 按照飞行手册的进场和着陆程序进行一次一发不工作(或模拟一台发动机不工作情况,如果所有与一台发动机失效的影响已被考虑)进场和着陆。

2) 横向操纵特性的评估

副翼铰链力矩反逆和其他横向操纵异常已被确定为结冰引起的事故和事故症候的产生原因。下面要描述的机动,目的是确定飞机对因冰积聚引起的飞机副翼铰链力矩反逆或其他对横向操纵特性产生不利影响的敏感性。

(1) 等待形态,等待冰积聚,最大着陆重量,前重心,最小等待速度(最高预期的等待攻角)。

(2) 着陆形态,等待冰积聚,中等偏轻的重量,前重心,V_{REF}(最高预期的着陆进场攻角)。

① 在一个方向上建立 30°水平转弯。

② 使用大约为 1/3 的全横向操纵偏度的阶跃输入,使飞机滚转到另一方向。

③ 当飞机滚过机翼水平姿态时保持操纵输入。

④ 在另一方向大约 20°坡度时,反方向使用大约为 1/3 的全横向操纵偏度的阶跃输入。

⑤ 当飞机滚过机翼水平姿态时放开操纵输入。

⑥ 以 2/3 和全偏横向操纵偏度重复试验,除非滚转率或结构载荷被判定超过限制。应有可能仅通过横向操纵就能轻易地获得滚转率,以及使滚转率翻转,并且在增加操纵偏转时横向操纵力不能反逆。

3) 低 g 机动和侧滑

下面提供了一个可接受的试验程序,来表明对在低 g 机动和侧滑机动中评估飞机对冰污染尾翼失速敏感性的操纵特性要求的符合性。

(1) 条款 25.143(i)(2)描述“必须表明,在推杆使飞机低头到过载为零或由升降舵功率或飞控系统的其他设计特点限制所能产生的最小过载系数的全过程中需要一定的推杆力。必须表明能够用不超过 23 kgf(50 lbf)的拉力即可迅速从该机动中恢复过来”,另一个限制最小过载系数的飞控系统设计特性的例子可能是过载限制的包线保护系统。

(2) 对于侧滑,按照条款 25.143(i)(3)“除非杆力的变化是逐渐的和易于控制的,并且不需要特别的技巧、机敏或体力,随着侧滑角不断增加,驾驶员通过俯仰操纵保持速度时杆力必须是稳定增加的，不出现杆力反逆现象。”突然改变的操纵力特性（除非很小而感受不明显）将被认为是不符合力应稳定增加的要求。操纵力的逐渐变化是指变化不是突然的并且不具有很陡的梯度，它能容易地被一个具有中等技能、警觉和体力的驾驶员控制。操纵力超出条款 25.143(c)的允许则被认为超出要求。

(3) 为表明对上述(1)和(2)解释的规章要求符合性而进行的试验机动，应使用下述冰积聚、形态和程序。

① 等待冰形。对于没有助力升降舵的飞机，这些试验还应使用砂纸冰形。

② 中等偏轻重量，最不利的重心位置，对称的燃油加载，最高升力着陆形态。

③ 表明条款 25.143(i)(2)符合性的试验机动：从在下面定义最临界的配平速度进行飞机配平或尽可能的配平开始。拉杆到合适的俯仰姿态，然后进行持续推杆机动（不改变配平），当飞机的俯仰姿态通过接近水平时达到 0g 法向过载，或如果受限于操纵权限（或其他设计特性），则使用在目标速度达到的最低载荷系数。进行此机动时使用慢车功率或推力和复飞功率或推力。

(a) 配平速度 1.23V_{SR}，目标速度不超过 1.23V_{SR}。

(b) 配平速度 V_{FE}，速度不超过 V_{FE}- 20 kn。

④ 表明条款 25.143(i)(3)符合性的试验机动：在配平速度 1.23V_{SR}和－3°航迹相应功率或推力，进行稳定的直到全偏方向舵的航向侧滑，180 lbf 舵力或全偏横向操纵（以先出现为准）。

4) 结冰防护系统启动和运行之前的操纵性

下面提供了一个可接受的试验程序，来表明在结冰条件下冰防护系统已启动和在执行预定功能之前飞机操纵性要求的符合性。

在下面列出的形态中，规定速度配平飞机，进行直到 1.5g 的拉起机动和推杆到 0.5g，并且表明纵向操纵力没有反逆。

(1) 高升力装置在收起形态（如果不同，或用等待形态），等待速度，平飞相应功率或推力。

(2) 着陆形态，在非结冰条件下的 V_{REF}，着陆进场的功率或推力。如必要，限制拉起机动到失速警告发生的那一点。

5.2.17 条款 25.145 纵向操纵

对条款 25.145(b)和(c)的符合性演示没有特定的定量评估要求。可以结合其他试验进行定性评估。应评估非结冰条件下的试验结果以确定是否存在任何的临界符合情况。如果存在，对这些情况应使用冰积聚进行重新试验。

下面提供了一个可接受的试验程序，来表明符合条款 25.145(a)。

(1) 等待冰形。

(2) 中等偏轻重量,后重心,对称燃油加载。

(3) 下面列出的形态,以 1.3V_{SR}速度配平飞机,使用升降舵进行约为 1 kn/s 的减速率减速,直到失速警告后 1 s,并演示使用升降舵迅速恢复到配平速度。

① 高升力装置在收起形态,最大连续功率或推力。

② 最大升力着陆形态,最大连续功率或推力。

5.2.18　条款 25.147 横向和航向操纵

为表明条款 25.147 的符合性,应评估在非结冰条件下的试验结果以确定是否存在任何的临界符合情况。如果存在,对这些情况应使用冰积聚进行重新试验。

5.2.19　条款 25.161 配平

为表明本条符合性,应结合其他试验进行定性评估。应评估在非结冰条件下的试验结果以确定是否存在任何的临界符合情况。如果存在,对这些情况应在飞机上使用冰积聚进行重新试验。另外,应进行特定检查来演示对条款 25.161(c)(2)的符合性。

下面提供了一个可接受的试验程序,来表明符合条款 25.161(c)(2)。

(1) 等待冰形。

(2) 最临界的着陆重量,前重心位置,对称燃油加载。

(3) 最大升力着陆形态,飞机在下面最临界的情况时配平:

① 1.3V_{SR1},慢车功率或推力。

② V_{REF}, $-3°$飞行航迹角的功率或推力。

5.2.20　条款 25.171 稳定性——总则

为表明本条款符合性,应结合其他试验进行定性评估。当配平时任何趋势的速度变化或需要频繁配平输入都应进行专门调查。

5.2.21　条款 25.173 纵向静稳定性

本条款为纵向静稳定操纵力要求,与无冰条件下相同。

5.2.22　条款 25.175 纵向静稳定性演示

为演示条款 25.175 的符合性,对下列每一情况都应进行试验。通常,没有必要进行低速(条款 25.175(b)(2))巡航形态试验或起落架放下(条款 25.175(b)(2))巡航形态的试验,也没有必要在高高度进行试验。验证结冰条件下稳定性特性(条款 25.253(c))的最大速度是下列中的小者:①校正空速 300 kn;②V_{FC};③经演示由于动压的增加使机体不会产生冰积聚的速度。

下面提供了一个可接受的试验程序,来演示纵向静稳定性。

(1) 等待冰形。

(2) 大着陆重量,后重心位置,对称燃油加载。

(3) 以下面列出的形态，在规定的速度配平飞机。在条款25.175(a)～(d)规定适用的速度范围内进行功率和推力设定和稳定性演示。

① 爬升：高升力装置收起，最大爬升率速度配平，除了速度不必小于$1.3V_{SR}$。

② 巡航：高升力装置收起，在V_{MO}或250 kn校正空速(CAS)时，两者中的小者，配平。

③ 进场：高升力装置在最高升力形态相应的进场位置时，$1.3V_{SR}$配平。

④ 着陆：最高升力的着陆形态，$1.3V_{SR}$配平。

5.2.23 条款25.177横向和航向静稳定性

使用稳定的航向侧滑来演示航向和横向稳定性要求。需记录获得的最大侧滑角，并且可以用其验证着陆的侧风值。条款25.177(c)要求航向和横向的操纵位移和操纵力同侧滑角有充分的线性关系，且没有反逆。

下面提供了一个可接受的试验程序，来演示航向和横向静稳定性。

(1) 等待冰形。

(2) 中等偏轻重量，后重心位置，对称燃油加载。

(3) 以下面列出的形态，在规定的速度配平飞机。并进行直到方向舵全偏的稳定侧滑，180 lb的脚蹬力或全偏的横向控制，以先到者为准。

① 高升力装置收起形态：最大爬升率速度配平，但速度不必小于$1.3V_{SR}$。

② 最小升力起飞形态：在全发工作的起始爬升速度配平。

③ 最高升力的着陆形态：V_{REF}配平。

5.2.24 条款25.181动稳定性

为表明条款25.181的符合性，如果在非结冰条件下飞机的符合性有较大的裕度，则不必进行在结冰条件下飞机的动稳定性试验。定性评价应结合飞机在结冰条件下的其他飞行试验。需对紊流中经历任何振荡趋势或精确姿态控制困难进行调查。

5.2.25 条款25.201失速演示/条款25.203失速特性

应进行充分的失速试验来演示失速特性符合要求。通常，不必进行包含所有重量、重心位置、高度、高升力形态、减速装置形态、直线和转弯飞行姿态、推力或功率设定的失速科目。根据评估在非结冰条件下飞机的失速特性，制定一个减少的试验矩阵科目。但是，如果带冰积聚的失速特性明显不同于无冰情况，或者试验表明符合性处于边界情况，或者对在结冰条件下的失速识别系统(如推杆器)的触发点重新设定，则额外试验是必要的。

不要求大于1 kn/s减速率的转弯失速。注意：缓慢的减速(远慢于1 kn/s)对于带有预期逻辑的失速保护系统飞机或会产生大侧滑角的低航向稳定性飞机可能会是临界的。下面提供了一个可接受的满足上述条款的试验程序。

（1）等待冰形。

（2）中等偏轻重量，后重心位置，对称燃油加载。

（3）正常失速试验高度。

（4）以下面列出的形态，使用确定失速速度同样的起始配平速度乘子配平飞机，对于失速功率，按条款 25.201(a)(2)确定的功率设置，但飞机上要带有冰积聚。以不超过 1 kn/s 的减速率减速到确认的失速，并且使用于非结冰飞机同样的改出机动。

① 高升力装置收起形态：直线飞行/无功率；直线飞行/有功率；转弯/无功率；转弯/有功率。

② 最小升力起飞形态：直线飞行/有功率；转弯/无功率。

③ 最大升力起飞形态：直线飞行/无功率；转弯/有功率。

④ 最高升力着陆形态：直线飞行/无功率；直线飞行/有功率；转弯/无功率；转弯/有功率。

（5）对于上面①和④中列出的形态，以及其他被认为是更临界的形态，保持机翼水平和无功率，以 1 kn/s 减速率减速到失速警告，使用横向操纵进行左右直到 10°坡度的滚转。

5.2.26 条款 25.207 失速警告

为表明条款 25.207 的符合性，失速警告应同失速速度飞行试验和失速演示/特性试验和快速进入率的试验一起评估。应当评估结冰保护系统正常工作和结冰保护系统启动和工作之前的冰积聚条件下的失速告警。

1）结冰防护系统正常工作

对减速率至少为 2 kn/s 和至少为 1.5g 的减速转弯失速的失速警告，下面提供一个可接受的试验程序。

（1）等待冰形。

（2）中等偏轻重量，后重心，对称燃油加载。

（3）正常失速试验高度

（4）以下面列出的形态中，在 1.3V_{SR}时，保持平飞所需功率或推力进行配平。在试验演示期间保持配平功率或推力，在建立至少 1.5g 和 2 kn/s 的减速率之前，根据需要增加速度。减速至失速警告后 1 s，使用飞机在非结冰条件下同样的改出机动。

① 高升力装置收起形态。

② 最小升力起飞形态。

③ 最高升力着陆形态。

2）在结冰防护系统启动和工作之前的冰积聚

下面提供了一个可接受的方法来评估在结冰条件下当结冰防护系统已经启动

并要执行其预定功能前的失速警告裕度。

(1) 下列形态中，在 $1.3V_{SR}$时配平飞机。

① 高升力装置收起形态：直线/无动力。

② 着陆形态：直线/无动力。

(2) 以直到 1 kn/s 的减速率，减速至失速警告后 1 s，演示使用与非结冰条件一样的改出机动能够阻止失速的发生，而且不出现任何不利特性(如机翼迅速下滚)。如果提供失速警告的方式与非结冰条件不同，那么条款 25.207(h)(2)(ii)要求演示驾驶员在警告出现后 3 s 内不进行任何改出机动时的、满意的失速特性和避免失速的能力。

5.2.27　条款 25.237 风速

为了表明本条款的符合性，带着陆冰积聚的侧风着陆应根据概率进行评估。稳定的带着陆冰积聚的航向侧滑试验可以用来确定安全的侧风分量。如果飞机试验数据表明演示的最大侧滑角与在非结冰条件下演示的相似，飞行特性也相似(如操纵力和偏度)，那么可认为在非结冰条件下飞机的侧风分量对在结冰条件下仍然有效。如果比较结果不是明显的相似，并且没有更合理的分析，那么一种基于稳定航向侧滑试验的保守分析可以用来确定安全的侧风分量，侧风分量值可以基于以下估算：

$$V_{CW} = V_{REF}\sin(\text{侧滑角})/1.5$$

式中，V_{CW}是侧风分量；V_{REF}是着陆参考速度，相应于最小着陆重量；侧滑角是在 V_{REF}演示的侧滑角。

5.2.28　条款 25.251 振动和抖振

为表明本条款符合性，应结合其他试验定性评价，包括直到在纵向稳定性试验中获得的最大速度。演示飞机不会因残留冰积聚而产生有害的振动，可以结合自然结冰试验进行。使用气动除冰套的飞机应在除冰套工作和不工作时演示到 V_{DF}/M_{DF}。没有必要带冰积聚进行这种演示。

5.2.29　条款 25.1419(b)自然结冰条件

自然结冰飞行试验并不是要验证预期冰积聚的所有方面，飞行试验应确定一般的物理特性和冰积聚位置及其对飞机性能和操稳的影响，至少应进行定性评估来确定人工冰积聚对自然大气结冰条件下获得的冰积聚是保守的，并确定冰不会在没有预期的地方出现。

在试验中因气动载荷或机翼的挠性等原因引起一些冰的脱落是可以接受的，但应尽快在脱离冰云后进行尝试完成试验的机动以使大气对冰脱落的影响减至最小。

应当进行等待和进场/着陆情况下的飞行试验验证，飞机的表现应同带模拟冰积聚获得的一致，不应有不正常的操纵响应或非指令的飞机运动。另外在水平转弯和反坡度横滚时应没有抖振或失速警告。

对于非助力操纵的飞机，除非演示符合操纵性要求的最临界的模拟冰积聚被充分验证，应使用自然冰积聚重复条款 25.143(i)(2)要求的推杆试验。

另外，如果存在结冰条件飞行的螺旋桨速度限制，也应通过自然结冰飞行试验进行验证。

5.3 发动机相关条款要求及符合性方法

5.3.1 条款 33.68 进气系统的结冰

满足 CCAR 条款 33.68 要求的符合性方法为采用分析、试验或分析与试验相结合的方法，以验证发动机在预期的结冰条件下能够正常运行。

在进行整机试验验证之前，申请人应先进行关键结冰条件分析；且申请人应在进行分析、试验前，声明发动机适用的结冰范围和运行范围，提交说明文件表明该型号在条款范围内的适用性。

5.3.2 条款 33.77 外物吸入——冰

满足 CCAR 条款 33.77 要求的符合性方法为采用试验的方法，通常采用整机冰吸入试验，以验证发动机在吸入冰后能够正常运转。

在发动机吸冰试验前，申请人应依据短舱进气道的结构确定吸冰试验中的最小冰片数量和尺寸，通过分析确定冰片撞击位置。

在吸冰试验完成后，申请人应通过试验验证在 100 个典型任务剖面飞行循环内，叶片的任何裂纹、撕裂，以及部分丢失不会导致“不可接受的持续功率或推力损失”。本试验导致的任何损伤都必须记录在发动机安装手册中。

5.3.3 条款 25.1093 进气系统的防冰

条款 25.1093(a)(b)(c)分别规定了活塞发动机、涡轮发动机和增压式活塞发动机的进气系统防冰要求，本节主要讨论条款 25.1093(b)所规定的涡轮发动机的进气系统防冰。从规章的内容上来看，条款 25.1093(b)与条款 33.68 非常接近，都提出了两方面的要求。一方面是要求发动机在附录 C 结冰条件下不会引起功率或推力严重损失，另一方面是规定了地面冻雾条件下慢车 30 min 运行的试验要求。所不同的是，对于条款 25.1093(b)来说，不光需要考虑发动机本体结冰的影响，还需要考虑发动机进气系统和飞机机体等上游部件的结冰对发动机的影响。

在表明对条款 25.1093(b)(1)的符合性时，首先需要进行防冰系统热分析，确定进气系统防冰的能力，如果存在后流冰，则应当与条款 33.77 所确定的最大吸冰能力进行比较，证明后流冰的尺寸在发动机的吸冰能力范围之内。对于降雪和扬雪情况，按照 AMC 25.1093(b)，对于传统的直通式涡轮喷气或者涡轮风扇发动机，结冰条件相比降雪和扬雪通常更严酷。因此，对于这种形式的进气道，符合结冰条件下的规定即可，无须任何降雪和扬雪方面的分析和试验。对于其他形式的进气道，需要进行附加的分析和/或试验，表明对降雪和扬雪条件的符合性。

为了验证发动机慢车时在冻雾条件下的安全运行，条款 25.1093(b)(2)定义了相关的试验条件。对于本规定，通常需要对飞机进行地面冻雾试验或者使用条款 33.68 的符合性证据并补充分析来表明符合性。

服役事件表明在严重结冰条件下，飞机在地面慢车条件下等待的时间可能超出 30 min。根据两种不同型号发动机的服役经验，长时间地面冻雾条件下运行后，起飞期间可能会出现多台发动机失效的情况。起飞期间多台发动机失效会危害飞机的安全飞行和着陆。

最近相关事件已经在北欧和北美机场发生过。在一起事件中，地面冻雾对发动机的损伤直到多次飞行以后才被发现，当时一台发动机在巡航时发生喘振，迫使在后续的飞行中油门杆放置在慢车位。后续检查发现两台发动机的压气机都受到了机械损伤。该损伤被认为是由于起飞前在低于－10℃的地面冻雾条件下慢车运行超过 1 h 而造成的。冰积聚在发动机的静止结构上，然后起飞加速度引起冰脱落，导致压气机损伤。

为了避免由于长时间暴露在冻雾条件下超出条款 25.1093(b)(2)规定的符合性验证的条件而造成不安全情况，根据条款 25.1501，对于超出经验证的时间和温度条件，可以作为冻雾条件下安全运行的必要限制，并且使机组可以在 AFM 中获得该限制。

5.4　螺旋桨相关条款要求及符合性方法

在发动机的整个功率范围之内(包括慢车)，螺旋桨都不得对其工作产生不利影响。在结冰条件下的整个预期转速和俯仰范围内，不得有可能引起飞机不安全性能或不安全操纵品质的推力损失。确认从螺旋桨脱落的冰块的最大尺寸和运动轨迹，以保证脱落的冰块的能量不会引起不安全情况。申请人必须通过飞行试验来确认上述特性，并以 25 部附录 C 的结冰条件之内的预期临界结冰条件作为验证的目标。

鉴于考虑到可能的危害性，申请人应当注意当螺旋桨结冰保护系统在暂时超出 25 部附录 C 的结冰条件下工作时，在螺旋桨上引起的冰积聚。当这类积冰位于叶片的上表面超出了防护区域的范围时，对于拉力可以产生严重的影响。此外，螺旋桨后流的冰风洞试验和飞行试验也验证了此种状况可以使得螺旋桨的性能损失达 20%之多。在暂时超出 25 部附录 C 结冰条件下的机体和螺旋桨上的冰积聚，可能会影响飞机通过提高螺旋桨功率加速飞出失速警告和改出进入失速事件的能力。

评估结冰条件下飞行所预期的整个转速和螺旋桨循环的桨距范围内的系统运行情况，检查试验期间是否存在严重振动。同时要考虑在防冰系统工作期间，复合材料螺旋桨叶片可能会遭遇到的最高温度，包括非预期的热天地面高温操作和干空气飞行情况。在试验期间检查用电保护的螺旋桨、其结冰保护系统的电流、(每一个输入电刷与接地电刷之间的)电刷电压和结冰保护系统的工作循环，以保证有适当的功率提供给防护表面。申请人还应当检查在雨天飞行时的结冰保护系统工作情况，确保其工作正常。

在发动机的整个功率范围之内，螺旋桨都不得对其工作产生不利影响，包括慢车情况。在结冰条件下的整个预期转速和螺旋桨俯仰角度范围内，不得发生有可能引起飞机不安全性能和不安全操纵品质的拉力损失情况。应当进行冰形分析和人工冰形飞行试验，包括后流冰、失效冰、循环间隔冰等，对飞机性能损失和操纵品质进行评估。

当在干空气中进行飞行试验时，应当监控系统电流、电刷电压(每个输入电刷和接地电刷之间的电压)和系统工作循环，并测量防护表面的温度，这些测量的表面温度可以用来修正分析预测的干空气温度。

5.5 大气数据探头相关条款要求及符合性方法

条款 25.1323(e)要求为每个空速指示系统提供一个加热的皮托管或等效措施，以防止由于结冰造成功能不正常。条款 25.1325(b)要求静压口的设计和安装位置使得静压系统的空气压力与真实的外界大气静压之间的关系不会由于飞机遭遇附录 C 所定义的结冰条件而受到影响。条款 25.1326 要求有一个指示系统在皮托管加热系统不工作的时候为飞行机组提供指示。对于每一个皮托管，可接受的指示系统可由分散的灯组成或者在一个电子显示器上提供机组警告指示。

申请人应当通过干空气飞行试验或冰风洞试验，测量大气数据仪表的表面温度，例如皮托管、皮托静压探头和攻角探头(如有防冰时)，来验证用于表明对于条款 25.1323(i)、条款 25.1325(b)符合性的热力学分析。申请人应当通过自然结冰或模拟结冰试验，评定大气数据仪表防冰的可接受性，还必须保证当皮托管结冰保护系统不加热时，有可接受的指示系统向飞行机组提供告警。

25 部附录 C 定义了层云和积云内的最大结冰条件，作为批准飞机在结冰条件下运行的基础。认为云层内只包括过冷液态水滴特征，附录 C 提供了水滴的平均有效直径、液态水含量和温度的关系，并且按照水平和垂直范围、高度和温度定义了结冰包线。

但是，目前的 CCAR - 25 - R4 附录 C 不包括冰晶结冰条件(完全由冰晶组成而没有过冷液态水的结冰条件)和混合相结冰条件(既包括过冷液态水又包括冰晶条件)。

外部探头的 TSO 标准，例如 TSO - C16a 电加温空速管和空速静压管、TSO - C54 失速告警仪器，其自身的鉴定并不能足以表明对条款 25.1309(a)、条款

25.1323、条款 25.1325、条款 25.1326 和条款 25.1419 等安装要求的符合性。TSO-C16a规定了自由气流条件，并不考虑潜在的安装影响。根据探头的设计及其在飞机的安装，这些安装影响会导致在探头所在位置的液态水含量比自由气流条件下高出几倍。

总之，25 部附录 C、TSO-C16a 和 TSO-C54 不包括混合相和冰晶结冰条件，并且运行规章不限制在这种环境下运行。

另外，规章中也没有明确规定攻角探头或者其他攻角传感器在结冰条件下运行的要求，通常条款 25.1309 会作为适用的条款要求。条款 25.1309 要求设备能够在所有预期的运行条件下完成其预定的功能，而目前审定中预期的结冰条件仅包括附录 C 规定的条件。

然而，服役中事件证明目前对外部探头在结冰条件下审定的要求是不充分的。对事故发生时的大气条件分析显示，结冰条件出现在异乎寻常的高度和非常低的温度下，高度直到 45 000 ft，空气静温低至−70℃。因此，这些事故可能是由于在大气中存在冰晶引起的，这些条件超出了 25 部附录 C 的要求。空速管安装的位置通常具有很高的冰晶收集效率，由于融化冰晶的能量要求超出了附录 C 结冰条件的设计要求，遭遇高浓度冰晶会导致空速管堵塞。

FAA 和 EASA 分别通过 25-140 号修正案和 25-16 号修正案对其规章相关条款进行了修订。

对于空速指示系统，修订后的 14 CFR/CS 25.1323 除了要求考虑附录 C 的结冰条件，还要求考虑过冷大水滴结冰条件、冰晶和混合相结冰条件以及大雨条件。对于攻角系统，增加条款 25.1324，同样要求增加考虑过冷大水滴结冰条件、冰晶和混合相结冰条件以及大雨条件。对于静压系统，增加考虑过冷大水滴结冰条件。

5.6 机翼防冰相关条款要求及符合性方法

5.6.1 概述

条款 25.1419 要求寻求在结冰条件下飞行审定的申请人验证飞机能够在 25 部附录 C 的连续最大和间断最大结冰环境下安全运行。

对于条款 25.1419(a)，申请人应当进行分析来证明防冰系统的能力是足够的。所有的分析都应当通过后续的试验确认或者已经在先前的项目中得到确认。

条款 25.1419(b)是对试验演示方法的规定，其中在自然大气结冰条件下的飞行试验是必需的，除了该试验外，为了充分表明飞机能在附录 C 所规定的结冰条件下安全运行，还应按(b)(1)～(3)中的规定，采用其中的一种或几种方法进行验证。

在自然结冰条件下进行飞行试验是为了验证结冰保护的分析、检查结冰异常情况，并且演示结冰保护系统及其部件能实现预定的功能。

在自然结冰飞行试验期间，应当观察在未防护区域的冰积聚状况，并且获取足够的数据来建立自然结冰试验与使用人工冰形的干燥空气试验之间的关系。另外，在这些试验中应当延迟结冰保护系统的启动，以此来表示飞行机组未能识别出他们正在结冰条件下飞行。这个延迟应当基于特定飞机的飞行机组可以用来识别结冰的方式(如对冰积聚的目视观察或使用结冰探测器)和推荐的机组程序。应当按照25部附录C的连续最大结冰条件，用延迟识别所经历的时间加上结冰保护系统执行其预定的功能所需的时间来确定所形成的冰积聚。

(b)(1)要求对部件或部件的模型进行实验室干燥空气试验或模拟结冰试验。这些试验一般在冰风洞内进行，根据不同需要使用干燥空气或者加水模拟结冰条件。

冰风洞试验的目的是验证机翼防冰系统在各种附录C定义的结冰包线飞行条件下的性能。稳定状态下的机翼防冰系统性能测试，通过不同的飞行阶段以及不同的结冰条件，来验证保持机翼前缘干净的能力，同时确定可能在加温机翼前缘后面形成的后流冰。

(b)(2)是对干燥空气中飞行试验的规定，该飞行试验通常包括两个阶段，结冰保护设备运行的干燥空气飞行试验和安装了预测的人工冰形的干燥空气飞行试验。

结冰保护设备运行的干燥空气飞行试验目的是为了验证机翼防冰系统的功能是否正常以及防冰加温性能，确定飞行试验、分析以及冰风洞试验所获得的防冰系统性能之间的关系。最初的结冰保护设备运行的干燥空气飞行试验通常是评估飞机的第一步。最初的干燥空气飞行试验用来验证结冰保护系统在晴朗的空气中不会影响飞机的飞行品质，并且得到热能结冰保护系统的热能剖面。飞行试验在不同的高度进行，发动机状态设置在爬升、保持、下降等。试验测量的参数主要有机翼前缘蒙皮的温度、防冰腔内部温度、引气温度、压力、流量等。其他形式的设备应当根据它们具体的设计要求进行评估。

安装了预测的人工冰形的干燥空气飞行试验可以在稳定的干燥空气中评估飞机的性能和操纵品质。带模拟冰形的干燥空气飞行试验能显著减少飞行试验的数量，否则的话就要在自然结冰条件下积聚试验冰形然后在稳定的空气中评估它们对飞机性能和操纵品质的影响。

(b)(3)是对在测定的模拟结冰条件下进行飞行试验的规定，这种模拟结冰条件通常可以通过结冰喷水飞机来产生。模拟结冰环境为预测结冰保护设备的单独部分的冰保护能力提供了一种途径，但由于模拟结冰环境的体积有限，试验通常局限于具有较小暴露表面的部件，如加热的皮托管、天线、空气进气口(包括发动机进气口)、尾翼、其他具有较小前缘半径的表面和风挡。

由于喷嘴难以获得小尺寸的水滴，使用这些方法会产生大的冰积聚，并且与在25部附录C结冰包线内的自然结冰条件下所观察到的冰形不同。应当对模拟结冰试验进行评估，保证所关心的结冰条件能被正确地模拟。

(c)要求在结冰保护系统没有正常工作的时候为飞行机组提供警告信息。如果结冰保护系统的故障情况会导致危险,就应当提供警告信息。应当假设在失效事件期间存在结冰条件。是否提供警告信息不应当取决于失效事件的概率,即使用概率分析表明系统故障是不可能的或极不可能的,只要这种故障会导致危险的情况,就应当提供警告信息。

5.6.2 附录C结冰高度包线以上的防护

尽管条款25.1419的目的是为了飞机能够在结冰条件下安全运行,但是规章在附录C中对连续最大和间断最大结冰条件进行了限定。连续最大结冰条件限定为最高22 000 ft,间断最大结冰条件限定为30 000 ft。通常认为低于−40℃的空气中没有水汽,然而实践证明30 000 ft以上也可能存在结冰环境。

25部附录C是根据美国大陆的数据和当时的航空环境制定的。其中不包含可能存在于热带和赤道温暖海洋上方的结冰环境。并且,25部附录C也不涉及热天条件。例如,在FAA技术报告ADS-4的图1-21就包括两起32 000 ft以上的结冰遭遇,一起是发生在37 000 ft的严重结冰遭遇,另一起是发生在39 000 ft的轻度结冰遭遇。

对于使用随高度性能恒定的引气热能机体结冰防护系统(简称开关系统),服役历史已经证明系统的防护能力足以保证在附录C结冰高度包线以外的飞行安全。新的飞机设计所包含的机体结冰保护系统可能带有压力调节功能,能够基于飞行高度、引气温度或外界空气温度等一系列参数调节结冰保护系统的流量。

在30 000 ft以上的高度或者在很低的外界温度下,机体结冰保护系统可能无法使防护表面的温度保持在零度以上,在这种结冰遭遇事件中,防护表面可能会结冰。在30 000 ft高度以上,一些飞机可能没有能力在不影响发动机的性能的前提下提供足够的引气,因此,在超出某个特定高度时可能需要抑制机体结冰保护系统。

除非存在运行限制,申请人应当考虑能够在直到飞机最大运行高度上开启结冰保护系统,并且应当不会导致对结冰保护系统或相关系统的任何不利影响(非预期的失效或非预期的性能降级)或无意的告警。

如果存在运行限制,则在飞机飞行手册的限制章节必须申明飞机未经30 000 ft以上结冰条件下飞行的审定。如果使用自动抑制措施,则飞行员应当被提醒当抑制激活时需要离开/避免结冰条件。飞行员在附录C高度以上无意开启结冰保护系统应当不会妨碍继续安全飞行。

5.7 风挡防冰相关条款要求及符合性方法

条款25.773(b)(ii)要求如果申请带结冰保护装置的合格审定,则飞机必须具有在附录C规定的结冰条件下保持一清晰区域的措施。为了证明这一点,首选需要进行水滴撞击热分析，证实风挡表面的温度足以保持防冰能力而不会引起风挡的结构损伤。应当进行干燥空气飞行试验来验证热分析，风挡防护区域的内外表面温度都需要测量。应当在白天和晚上运行时进行能见度评估，包括防护区域的畸变效应。另外，需要评审防护区域的尺寸和位置是否能提供足够的能见度，尤其是在飞行的进近和着陆期间。

根据 AMC 25.773，先前的审定经验已经表明 70 W/dm^2 的加温能力可以提供足够的结冰条件下的防护。

5.8 结冰探测相关条款要求及符合性方法

CCAR－25－R4 中没有关于结冰探测的专用条款，FAA 在 25－129 号修正案中提出了相关要求，分别为条款 25.1419(e)(f)(g)(h)，具体如下。

条款 25.1419(e)

必须提供下列结冰探测和启动机体防冰系统的方法中的一种：

(1) 主导式结冰探测系统，能自动启动或者警示飞行机组启动机体防冰系统。

(2) 用于识别在特定表面上开始出现冰积聚的视觉提示的定义，结合警示飞行机组启动机体防冰系统的咨询式结冰探测系统。

(3) 通过定义合适的空气静温或总温以及可见湿气确定易于引起机体结冰的条件，用于飞行机组启动防冰系统。

条款 25.1419(f)

除非申请人表明在特定的飞行阶段机体防冰系统无须工作，本条款(e)的要求适用于所有飞行阶段。

条款 25.1419(g)

在启动机体防冰系统后应采取如下措施：

(1) 防冰系统必须设计成连续工作。

(2) 飞机必须装备有使防冰系统自动循环的系统。

(3) 必须提供一种结冰探测系统，用于每次在防冰系统必须循环时警示飞行机组。

条款 25.1419(h)

必须制定并在飞机飞行手册中提供防冰系统的操作程序，包括启动和关闭的程序。

5.8.1 主导式结冰探测系统

主导式结冰探测系统可以分为主导式自动系统和主导式手动系统。主导式自动系统自动启动防冰或除冰系统，主导式手动系统需要飞行机组根据主导式结冰探测系统的指示启动防冰或除冰系统。

主导式结冰探测系统采用冗余设计，单独使用即可提供符合条款 25.1309 所要求的足够的可靠性。因此,在主导式结冰探测系统功能正常时,飞行机组不必目视监控可能在飞机上形成的冰积聚。

为了满足该使用目的,主导式结冰探测系统必须能够探测到25部附录C定义的所有结冰条件或该条件下实际的冰积聚,或者飞机必须能够在结冰探测系统无法探测出的结冰条件下无限制地安全运行。

尽管在附录C定义的某些特定的结冰条件下,飞机其他表面可能已经结冰,但是此时大气中的过冷水滴却没有在结冰探测器探头上冻结。在这些情况下,结冰探测器上的冰积聚可能不足以触发结冰探测信号,或者探测器探测结冰条件的响应时间可能延长,造成在飞机或推进系统的防护部件上积聚相当数量的冰。这种现象发生在冻结系数远远小于1的情况下。应当进行试验来评估这种现象,并确定在正常防护表面形成的冰形。如果在这些条件下可能结冰,却无法被主导式结冰探测系统探测到,则必须表明飞机有能力在所形成的冰形下无限制地安全运行。

5.8.2 咨询式结冰探测系统

咨询式结冰探测系统也可指示冰积聚或结冰条件的存在,但该系统只能为飞行机组提供存在冰积聚或结冰条件的咨询信息,必须与其他方式(最常用的是视觉提示)结合起来使用,才能确定是否需要启动防冰或除冰系统。与主导式结冰探测系统的不同之处是,咨询式结冰探测系统单独使用时不能提供符合条款25.1309所要求的足够的可靠性。因此,使用该系统的飞行机组有责任监控可见冰积聚,并人工启动防冰或除冰系统。同样,单独使用冰积聚的视觉提示也是不够的。因为在飞行机组高负荷工作、夜间运行或者冰积聚是明冰的情况下,要观察到冰积聚是困难的。值得注意的是,这种组合的意图是使用咨询式结冰探测系统来弥补人在感官方面的限制,而不是使用人的感官来弥补咨询式结冰探测系统可靠程度的不足。

视觉提示应当以飞行机组观察到飞机上刚开始出现冰积聚为依据,而不根据飞行员判断冰积聚的厚度。只要飞行机组观察到冰积聚或者结冰探测器发出警告,不管哪个在先,飞行机组都需要启动结冰保护系统。

视觉提示可以是直接观察到机体防护表面的冰积聚,比如机翼前缘和短舱进气口。条款25.1403要求提供探冰灯照明措施用于夜间观察,应当对探冰灯在夜间进入和离开云层的工作情况进行评估,以确定相关部件上有足够的照明,但不会过分刺眼、反光或出现其他使飞行机组分心的情况。

如果无法直接观察到在防护表面上的冰积聚,就必须使用一个参考系统,并考虑为该参考面提供周期性的除冰措施。可接受的参考面包括风挡雨刮臂、螺旋桨整流罩和雷达罩等表面上形成的冰积聚。如果参考面没有除冰措施,那么只要在参考面上有冰就必须让机体结冰保护系统工作,即使此时已经没有冰积聚在机体上。申请人应当证实，在25部附录C所定义的结冰条件下，参考面上结冰的时间与防护表面结冰的时间相同或比防护表面结冰的时间更早。

如果可能，视觉提示应当在飞行机组的主视野区。而如果视觉提示在主视野区之外，那么从设计眼位应当可以看到该提示，并且当飞行机组坐在座位上执行正常工作时，头部只要进行很小的移动，该提示就能容易地进入飞行机组的视野。在所有工作模式下(白天和晚上)，视觉提示都应当可见。

在审定过程中，申请人应当验证机组观察视觉提示的能力。视觉提示的可见性应当在机组座位位置与飞行机组的身高范围的最不利组合情况下进行评估，应当在批准的参考眼位范围内。左边和右边座位都要求有视觉提示。如果使用单个视觉提示，那么从任一个座位上看，该视觉提示都应当是可见的。如果使用参考面，申请人则应当确认参考面与机体防护区域上结冰的相互关系。视觉提示应当在测定的自然结冰条件下进行验证。

5.8.3 温度和可见湿气

指定易使机体结冰的条件，通常是定义合适的空气静温或总温以及可见湿气，用于飞行机组启动结冰保护系统。虽然在夜间运行时观察可见湿气存在一定困难，但实践已经证明，使用这种方式启动结冰保护系统是安全的，回顾历史上的飞行事故或事件，没有一起是由于按照这种判别方式来启动结冰保护系统而造成的。因此，FAA认为单独使用这种方式能够保证及时启动机体结冰保护系统。

定义的结冰温度应当考虑由于机体上局部压力不同造成的静温变化。如果发动机和机体防冰系统都是根据可见湿气和温度来启动的，对两个系统的启动应当使用相同的保守温度。例如，如果发动机结冰保护系统在5℃或更低的静温下启动，机体结冰保护系统则也应当在同样的温度下启动，即使机体在高于2℃的情况下不会结冰。这样可以减轻飞行机组的工作负担并提高符合程序的概率。

当使用温度和可见湿气来探测结冰条件时，需要注意对温度传感器的可靠性和失效监控要求。如果温度传感器出现不正确的指示，特别是在指示温度比实际温度更高的情况下，那么飞行员可能无法及时开启防冰系统。

飞机飞行手册中应当确定明确的导致机体结冰的空气静温或总温以及可见湿气条件，并且明确防冰系统必须工作的飞行阶段。

5.9 结冰大气环境相关条款要求

5.9.1 过冷水

CCAR-25-R4附录C定义了过冷水结冰条件。附录C图1、图2、图3是连续最大结冰条件，图4、图5、图6是间断最大结冰条件，分别代表层云和积云结冰云。图5-1～图5-6复制了25部附录C的图1～图6。

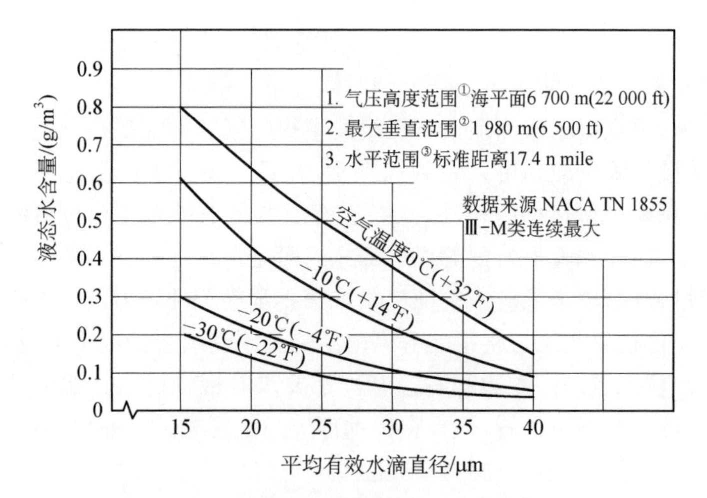

图 5-1 25 部附录 C 连续最大(层状云)

在大气结冰条件下,液态水含量与平均有效水滴直径的关系

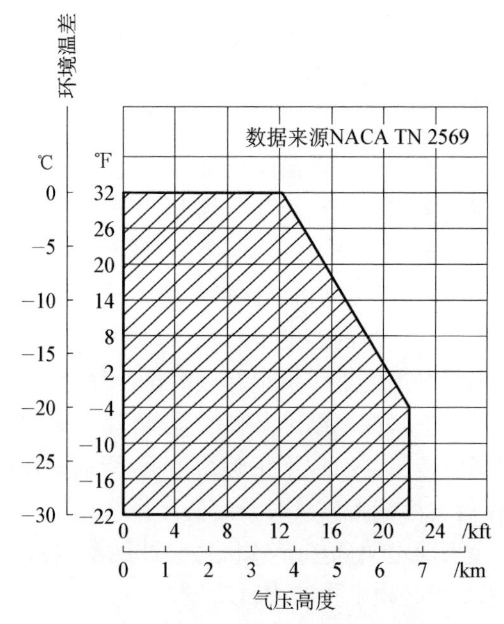

图 5-2 25 部附录 C 连续最大(层状云)

在大气结冰条件下,环境温度与气压高度的关系

① 条款原文如此,是指从海平面高度到 6 700 m。

② 最大垂直范围表示云的最大厚度。

③ 水平范围表示云的水平方向的宽度。

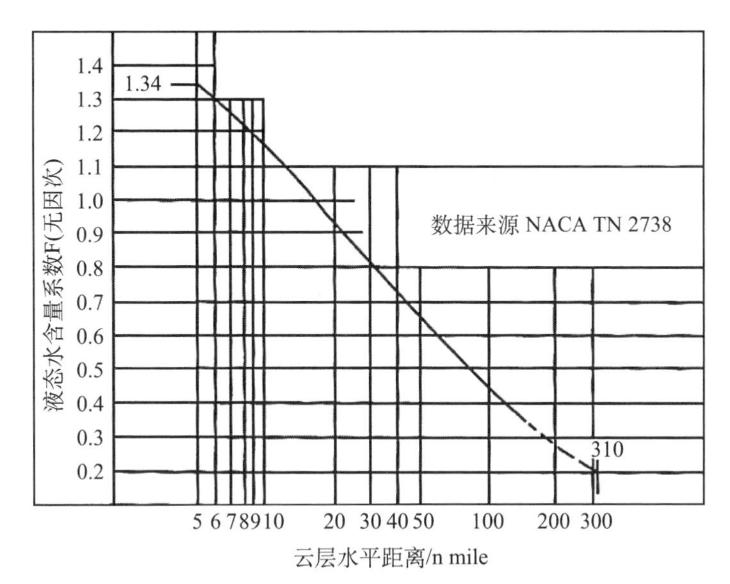

图 5-3　25 部附录 C 连续最大(层状云)

在大气结冰条件下,液态水含量因子与云层水平距离的关系

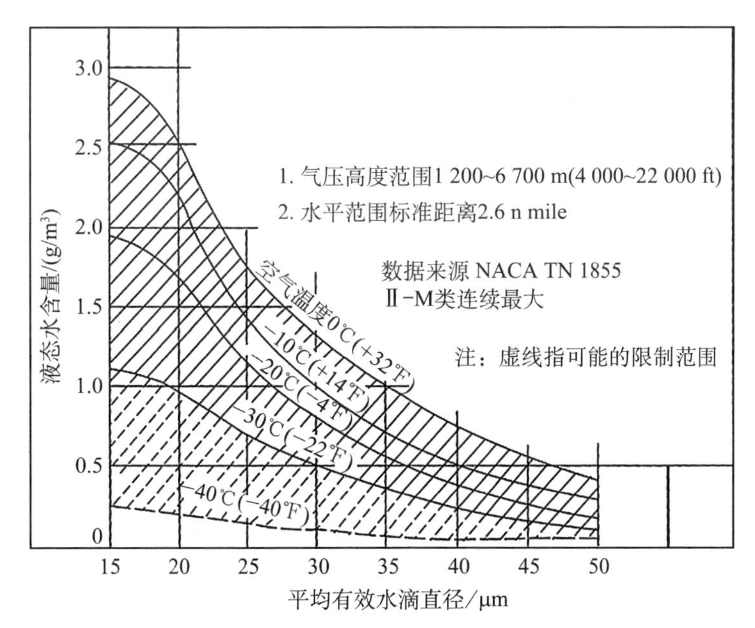

图 5-4　25 部附录 C 间断最大(堆积云)

在大气结冰条件下,液态水含量与平均有效水滴直径的关系

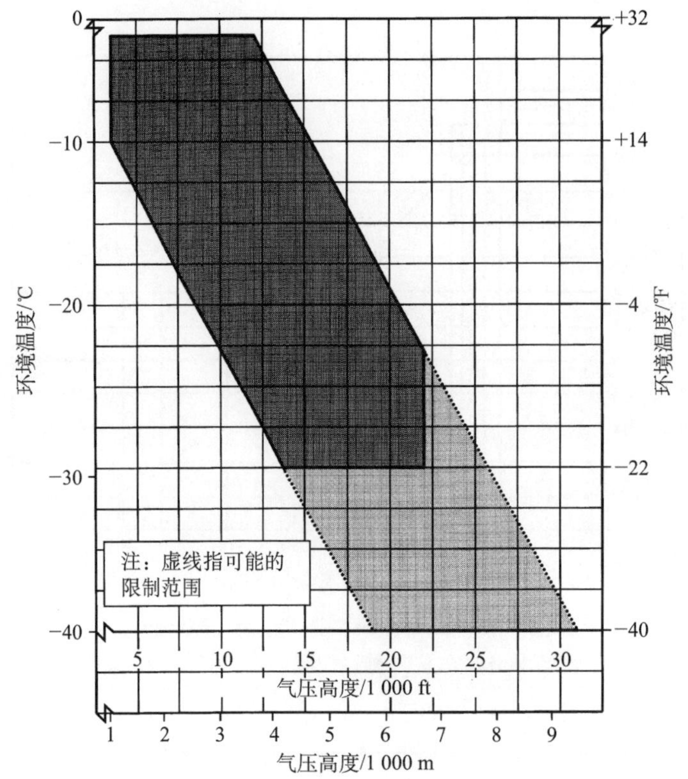

图 5－5　25 部附录 C 间断最大(堆积云)

在大气结冰条件下，环境温度与气压高度的关系

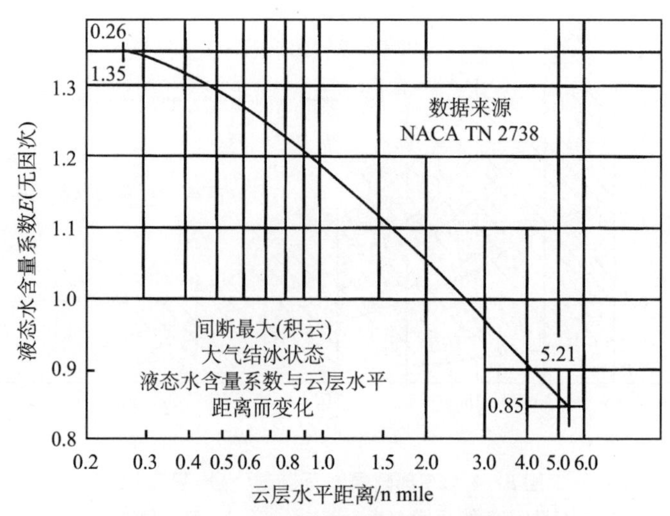

图 5－6　25 部附录 C 间断最大(堆积云)

在大气结冰条件下，液态水含量系数与云层水平距离的关系

图 5－1 和图 5－4 分别给出了连续最大和间断最大结冰云层液态水含量、云层水滴平均有效直径和周围空气温度三个变量之间的相互关系。连续最大结冰云的最大垂直范围为 6 500 ft，水平范围标准距离为 17.4 n mile。间断最大结冰云的水平范围标准距离为 2.6 n mile。

图 5－2 和图 5－5 分别给出了连续最大和间断最大结冰云的温度和高度包线。连续最大结冰云的温度范围为 32～－22℉，高度范围为 0～22 000 ft。间断最大结冰云的温度范围为 26～－22℉，高度范围为 4 000～22 000 ft。

为了原始数据的“完整”，FAA 将间断最大结冰云的包线延伸到－22℉（－30℃）以下，见图 5－4 和图 5－5 的虚线部分。由于缺少这些低温度下的数据，LWC 的精确值是不确定的。尽管如此，在防冰系统设计时仍应当考虑。

图 5－4 显示了 32℉温度下的 LWC，但图 5－5 中显示的最高的温度是 26℉。这种不一致可能是因为在当时的研究中缺少 26℉以上的数据。

图 5－1 或图 5－4 得到的 LWC 值分别只对参考距离为 17.4 n mile 或 2.6 n mile 时有效。对于不同结冰暴露距离下的液态水含量，可以使用图 5－3 和图 5－6 中的液态水含量系数来计算获得。例如，对于 5 n mile 连续最大结冰云最大可能的 LWC，从图 5－3 中得到液态水含量系数 F 为 1.34。因此，对于 MVD 为 15 μm、温度为 0℃（32℉）的最大连续结冰云，5 n mile 的最大平均 LWC 预期为 $1.34\times0.8\ \mathrm{g/m^3}=1.07\ \mathrm{g/m^3}$。

5.9.2　过冷大水滴

1994 年，在美国印第安纳州 Roselawn 小镇上发生了一起 ATR72 飞机的飞行事故，引发了公众和政府对结冰合格审定标准充分性的安全顾虑。美国国家运输安全委员会（NTSB），在 ATR、美国联邦航空局、法国民航局、法国调查局（BEA）、美国国家航空航天局（NASA）和其他单位的协助下对该事故开展了深入的调查。调查发现过冷大水滴在机翼上表面气动套后部和副翼前端形成了冰脊。进一步的调查表明该冰脊导致了飞机的非指令滚转。基于这些调查结果，美国国家运输安全委员建议修订结冰合格审定要求。

CCAR/14 CFR 25 部附录 C 中所使用的“结冰包线”是指飞机必须能够安全飞行的结冰环境条件。而造成 Roselawn 事故的大气条件不在当前运输类飞机适航取证所采用的结冰包线范围内。美国联邦航空局于 2014 年 11 月 4 日发布了 25－140 号修正案，在 25 部中增加了附录 O 结冰条件，将过冷大水滴条件包括在内，该修正案的正式生效日期为 2015 年 1 月 5 日。EASA 在 CS 25 的 16 号修正案同样增加了附录 O 过冷大水滴结冰条件，生效日期为 2015 年 3 月 12 日。所谓过冷大水滴结冰条件是指结冰云中包含有直径大于 50 μm 的过冷水滴。CCAR－25－R4 中没有关于过冷大水滴结冰的专用条款。

FAA 认为过去的服役历史证明了大飞机在过冷大水滴条件下具有良好的安全性，因此规定过冷大水滴结冰条件不适用于最大起飞重量大于或等于 60 000 lb 的飞机。而 EASA 认为过去的服役历史不能说明将来设计的大飞机的安全性，因此要求大于或等于 60 000 lb 的飞机同样需要考虑这种结冰条件。

附录 O 结冰条件由高度、垂直和水平距离、温度、液态水含量和作为水滴直径分布函数的水质量分布等参数定义。

(1) 微冻雨(最大水滴直径分布谱范围为 100～500 μm)。

① 气压高度范围：平均海平面高度 0～22 000 ft(MSL)。

② 最大垂直范围：12 000 ft。

③ 水平范围：标准距离 17.4 n mile。

④ 总液态水含量(见图 5-7)。

注：以克每立方厘米(g/cm^3)为单位的液态水含量(LWC)基于水平范围标准距离 17.4 n mile。

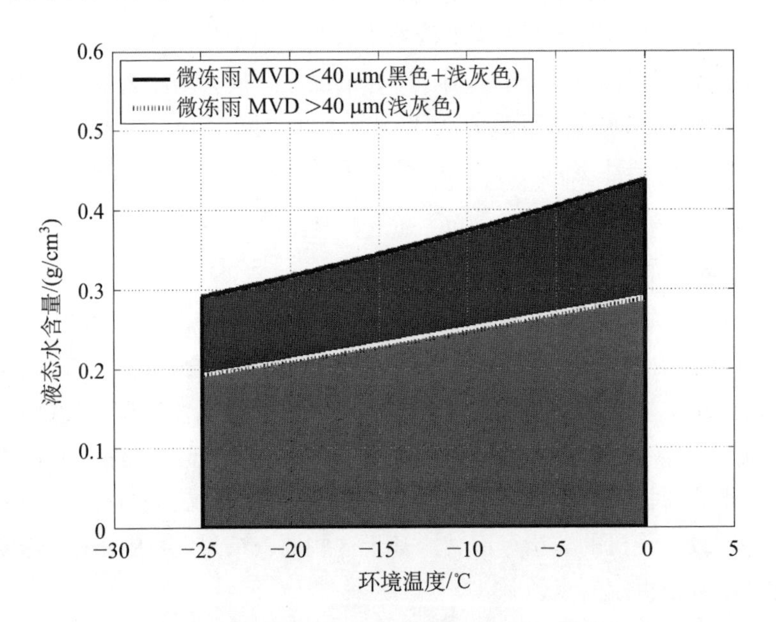

图 5-7 微冻雨，液态水含量

⑤ 水滴直径分布(见图 5-8)。

⑥ 高度和温度包线(见图 5-9)。

(2) 冻雨(分布谱的最大水滴直径大于 500 μm)。

① 压力高度范围：平均海平面高度 0～12 000 ft(MSL)。

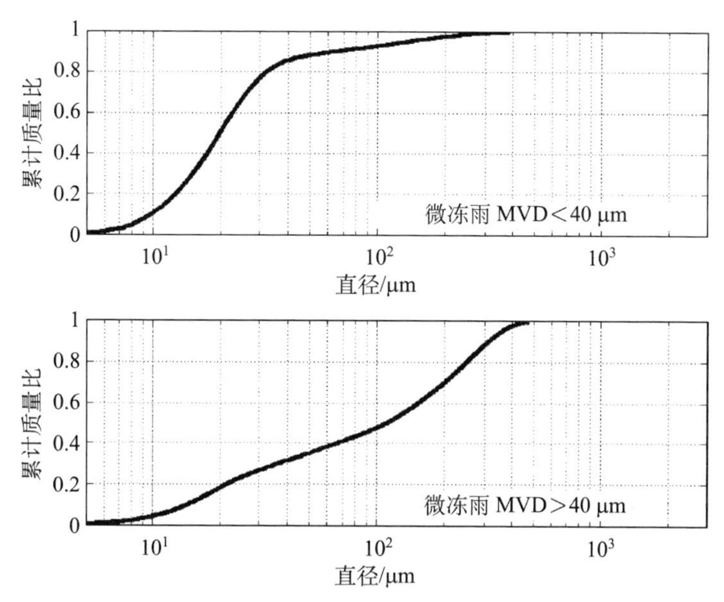

图 5-8 微冻雨，水滴直径分布

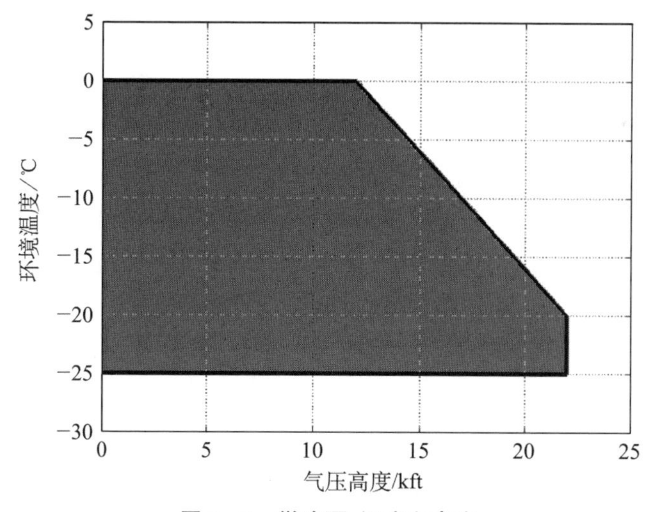

图 5-9 微冻雨，温度和高度

② 最大垂直范围：7 000 ft。

③ 水平范围：标准距离 17.4 n mile。

④ 总液态水含量(见图 5-10)。

注：以克每立方厘米(g/cm^3)为单位的液态水含量(LWC)基于水平范围标准距离 17.4 n mile。

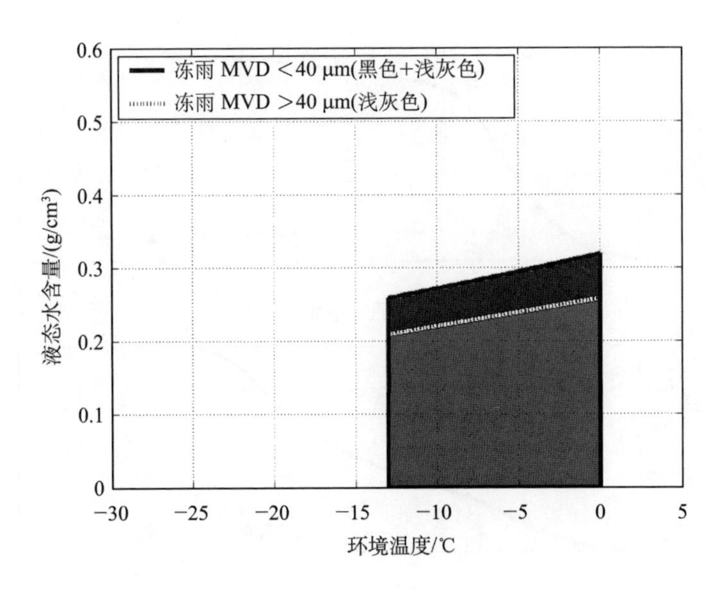

图 5-10 冻雨,液态水含量

⑤ 水滴直径分布(见图 5-11)。

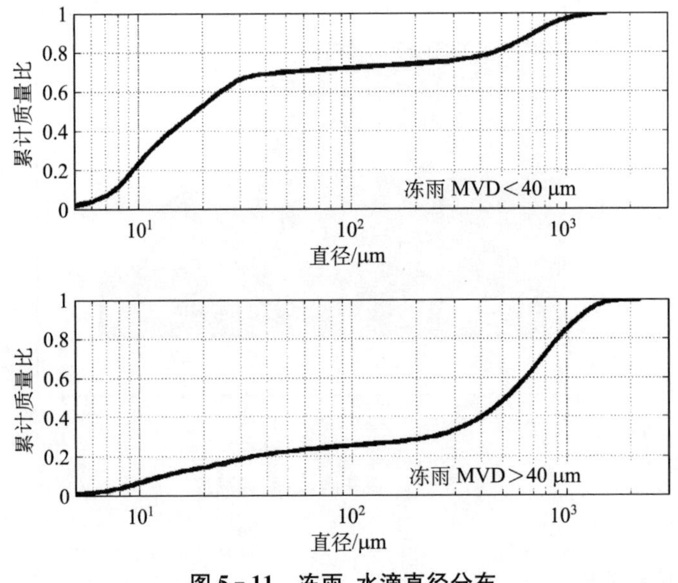

图 5-11 冻雨,水滴直径分布

⑥ 高度和温度包线(见图 5-12)。

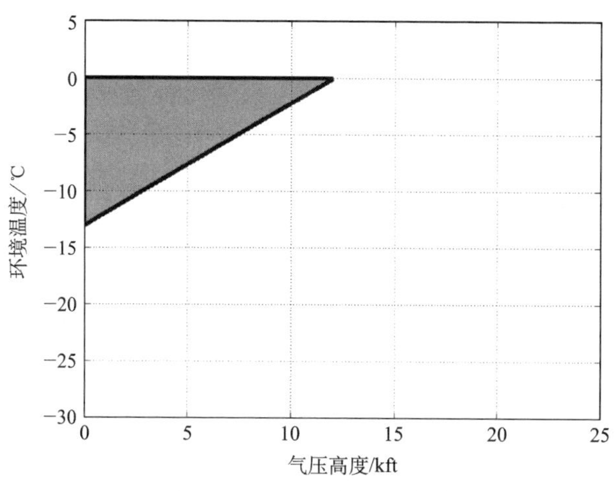

图 5－12 冻雨，温度和高度

(3) 水平范围。对于非标准 17.4 n mile 水平范围的冻雨和微冻雨的液态水含量可以由从图 5－7 或图 5－10 确定的液态水含量值乘以图 5－13 中提供的因子确定。

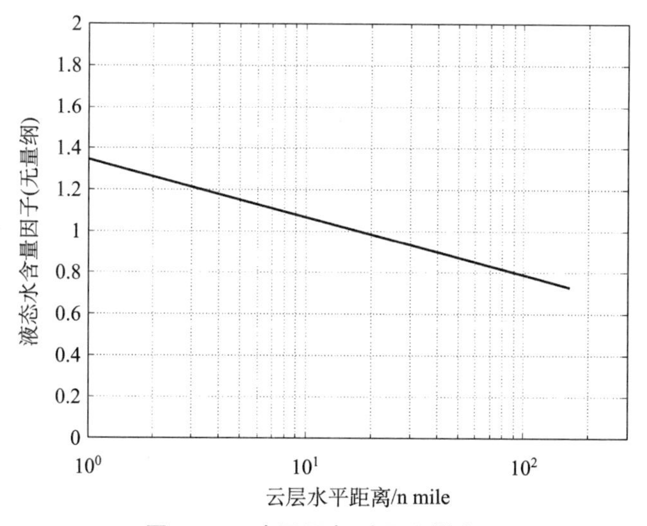

图 5－13 水平距离，冻雨和微冻雨

5.9.3 混合相和冰晶

高空发动机由于冰晶结冰停车或功率下降和空速指示系统在结冰条件下结冰的服役事件促使 FAA 和 EASA 分别在 25－140 号修正案(14 CFR 25 部)和 25－16 号修正案(CS－25)中增加了混合相和冰晶结冰条件。EASA 直接在 CS－25 的附录 P 中规定了上述结冰包线，FAA 则在 14 CFR 33 部的附录 D 中规定，14 CFR 25 部引用该结冰包线。EASA 和 FAA 两者在实际要求上一致。CCAR－25－R4 中没有关于混合相和冰晶结冰的专用条款。

FAA 和 EASA 制定的冰晶包线如图 5－14 所示。

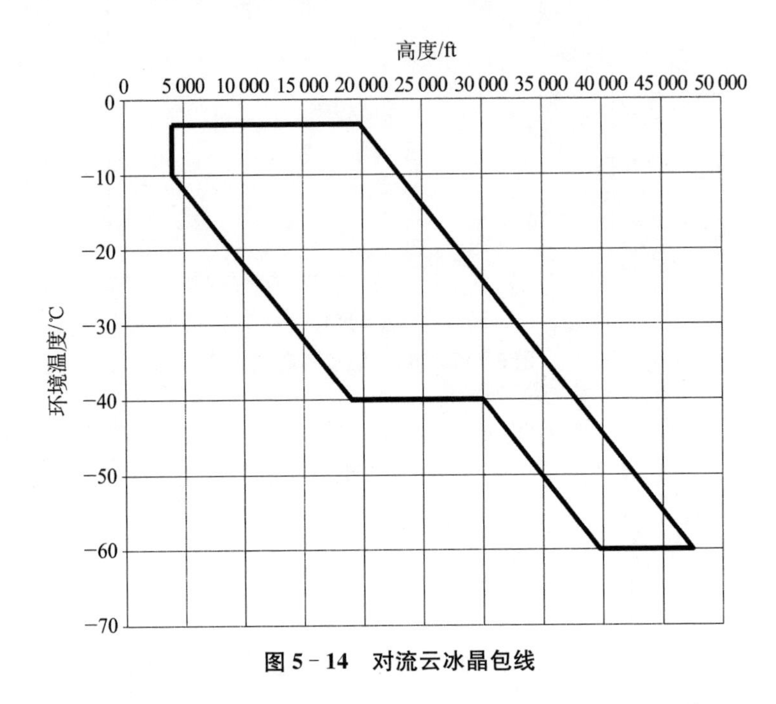

图 5－14 对流云冰晶包线

在该包线范围内，TWC 是基于海平面的 90%空气相对湿度到更高的高度的绝热直减率，并根据 17.4 n mile 的标准云乘以 0.65 的系数确定的，如图 5－15 所示。

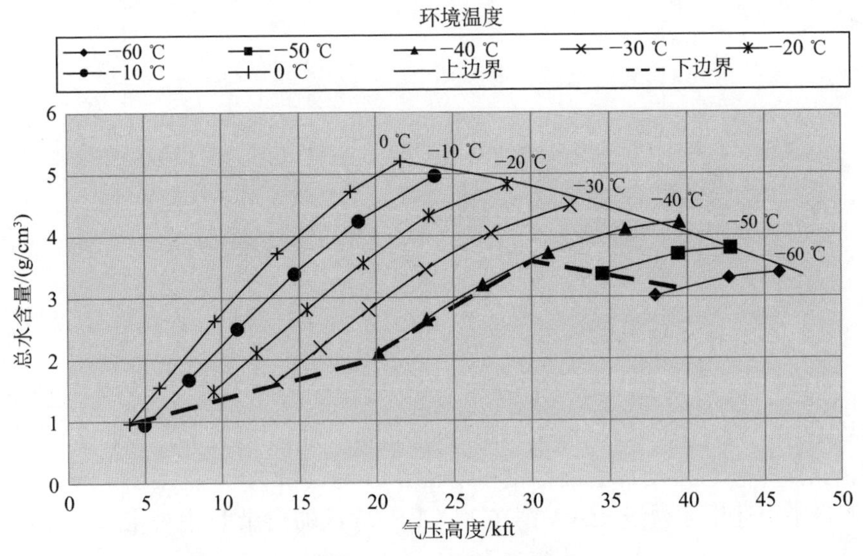

图 5－15 总 水 含 量

根据近对流风暴中心的测量，冰晶大小平均质量尺寸（MMD）范围是 50～200 μm（当量球尺寸）。除表 5－6 中的规定外，总水含量可以认为是完全冻结的（全部是冰晶）。

表 5－6　总水含量的过冷液态部分

温度范围/℃	云层水平距离/n mile	液态水含量/(g/m³)
0～－20	≤50	≤1.0
0～－20	不确定	≤0.5
<－20	—	0

图 5－15 显示的总水含量代表标准的 17.4 n mile 暴露距离（云层水平距离）的总水含量，该含量必须随着结冰暴露距离进行调整（见图 5－16）。

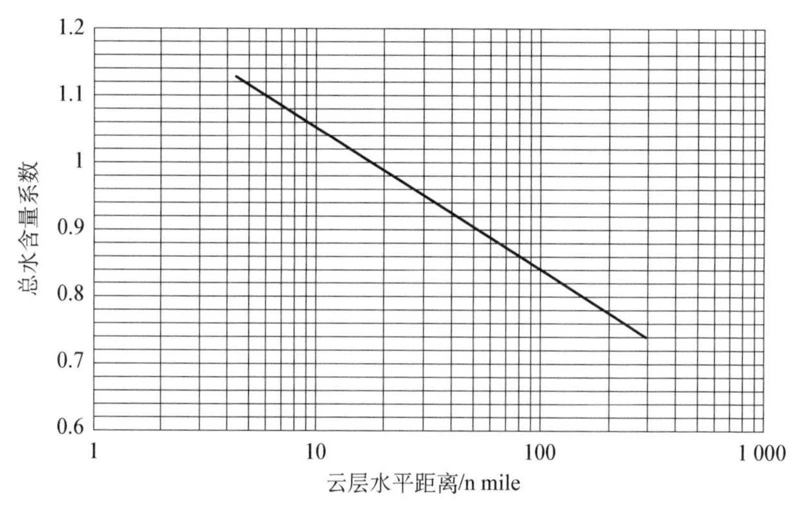

图 5－16　暴露距离对总水含量的影响

参考文献

[1] FAA. Aircraft ice protection(AC 25－73A) [S]. FAA, 2016.

[2] FAA. Performance and handling characteristics in the icing conditions specified in part 25, Appendix C. (AC 25－25) [S]. FAA, 2007.

[3] FAA. Turbojet, turboprop, and turbofan engine induction system icing and ice ingestion (AC 20－147) [S]. FAA, 2004.

[4] FAA. Rules and regulations, 14 CFR Part 25, activation of ice protection [S]. The Federal Register/FIND, Vol. 74(147), 2009.

[5] FAA. Rules and Regulations, 14 CFR Parts 25 and 33, Airplane and Engine Certification Requirements in Supercooled Large Drop, Mixed Phase, and Ice Crystal Icing Conditions [S]. The Federal Register/FIND, Vol. 79(213),2014.
[6] EASA. Large Aeroplane Certification Specifications in Supercooled Large Drop, Mixed Phase, and Ice Crystal Icing Conditions-Advisory Material [S]. Notice of Proposed Amendment (NPA), 2012.
[7] 中国民用航空局. CCAR-25-R4 运输类飞机适航标准 [S]. 2011.
[8] EASA. CS-25 Amendment 17, Certification Specifications and Acceptable Means of Compliance for Large Aeroplanes [S]. EASA, 2016.

6 结冰审定流程

飞机在结冰条件下的飞行分为在已知或预告的结冰条件下飞行和不在已知或预告的结冰条件下飞行。不管哪种情况，都要进行全机结冰分析，确定结冰区域，初步评估结冰对系统功能和飞行品质的影响，冰脱落的影响，对颤振特性的影响，从而确定防护区域和非防护区域。所不同的是由于两者在飞行过程中经历的结冰时间不一样以及对结冰条件下的飞行品质要求不一样，因此其确定的需要防护部分和无须防护部分可能是有差异的。初步确定的防护区域和非防护区域，需要开展符合性验证，对于防冰系统的合格审定流程，参见6.1、6.2、6.3、6.4和6.5节，对于非防护表面的合格审定流程，参见6.7节，如果使用结冰探测系统作为开启防冰系统的主要手段或者辅助手段，还需要进行结冰探测系统的合格审定，流程见6.6节。如果验证发现无法满足规章要求，可能需要对先前确定的非防护区域进行调整。

6.1 机翼防冰系统审定流程

机翼防冰系统审定时，应当进行防冰性能分析，确认前缘弦向的防护范围和防冰性能是否足够，检查是否存在后流冰的情况，一般会通过冰风洞试验和防冰系统干空气飞行试验对分析结果进行确认。

对于热能防冰系统，通常情况下，由于地面静止状态下机翼与外界的对流换热量较小，因此为了防止机翼结构超温，地面禁止使用机翼防冰系统，仅在地面对防冰系统进行检查时短暂开启，一般在30 s以内，对于这种情况下的温度，应当在高温天条件下进行确认，检查是否存在超温的问题。

应当进行系统安全性分析，并对安全性分析的结论进行确认和验证。

应当进行冰形分析，通过冰风洞试验对分析结果进行确认，由于计算分析无法准确得出后流冰、残留冰和循环间结冰的冰形，因此也需要冰风洞试验来获取这些冰形；对于这些冰形对飞行品质的影响，可通过带模拟冰形的干空气飞行试验进行确认；并且需要评估冰脱落对发动机和结构的影响，确认冰脱落的大小在发动机和结构限制以内。另外，需要评估机翼上的结冰对颤振特性的影响。在自然结冰条件下演示机翼的防冰性能、飞机飞行品质，并检查是否存在结冰异常情况。

对于机翼防冰系统的设备，应当进行设备鉴定试验，验证设备功能和性能，并确认在所有预期的运行环境下，设备能正确执行其预定的功能。

如果系统设备存在软件和复杂电子硬件，则应当表明其对 DO－178 和 DO－254 过程目标的符合性。

机翼防冰系统审定流程图见本书附录（本章下文所述的附录均为本书附录）图 2。水滴撞击分析见 7.1 节，热能防冰系统的性能分析见 7.3 节，冰形分析见 7.4 节，系统安全性分析见 8.4 节，地面试验见 9.5 节，防冰系统的冰风洞性能验证见 10.8 节，防冰系统干空气飞行试验验证见 11.1 节，自然结冰飞行试验见 11.4 节，系统失效情况下的飞行试验验证见 11.5 节。

6.2 短舱防冰系统

应当进行防冰性能分析，确认前缘弦向的防护范围和防冰性能是否足够，检查是否存在后流冰的情况，通过冰风洞试验和防冰系统干空气飞行试验对分析结果进行确认。并通过地面冻雾试验验证地面条件下进气系统防冰的能力。对于采用弯曲进气道的发动机，还需要在降雪/扬雪条件下进行验证。

对于热能防冰系统，通常情况下，由于地面静止状态下进气道前缘与外界的对流换热量较小，为防止前缘结构超温，地面使用短舱防冰系统时可能对外界环境温度有一定的限制，因此应当对这种温度限制条件进行确认，检查是否存在超温的问题。

应当进行系统安全性分析，并对安全性分析的结论进行确认和验证。

应当进行冰形分析，通过冰风洞试验对分析结果进行确认，由于计算分析无法准确得出后流冰、残留冰和循环间结冰的冰形，因此也需要冰风洞试验来获取这些冰形；对这些冰形对发动机工作的影响，可通过带模拟冰形的干空气飞行试验进行确认；并且需要评估冰脱落对发动机和结构的影响，确认冰脱落的大小在发动机和结构限制以内。另外，需要在自然结冰条件下演示发动机的防冰性能，并检查是否存在结冰异常情况。

对于短舱防冰系统的设备，应当进行设备鉴定试验，验证设备功能和性能，并确认在所有预期的运行环境下，设备能正确执行其预定的功能。

如果系统设备存在软件和复杂电子硬件，则应当表明其对 DO－178 和 DO－254 过程目标的符合性。

短舱防冰系统审定流程图见附录图 3。水滴撞击分析见 7.1 节，热能防冰系统的载荷分析见 7.3 节，冰形分析见 7.4 节，冰脱落分析见 7.5 节，系统安全性分析见 8.3节，地面冻雾试验见 9.1 节，发动机吸冰试验见 9.2 节，降雪和扬雪试验见 9.3 节，地面超温验证见 9.5 节，防冰系统的冰风洞性能验证见 10.9 节，防冰系统干空气飞行试验验证见 11.1 节，人工冰形飞行试验见 11.2 节，自然结冰飞行试验见11.4节。

6.3　螺旋桨防冰系统

应当进行防冰性能分析，确认螺旋桨前缘弦向和展向的防护范围和防冰性能是否足够，检查是否存在后流冰的情况，通过冰风洞试验和防冰系统干空气飞行试验对分析结果进行确认。

对于热能防冰系统，通常情况下，由于地面状态下螺旋桨前缘与外界的对流换热量较小，为防止前缘结构超温，地面使用螺旋桨防冰系统时可能对外界环境温度有一定的限制，因此应当对这种温度限制条件进行确认，检查是否存在超温的问题。

应当进行系统安全性分析，并对安全性分析的结论进行确认和验证。

应当进行冰形分析，通过冰风洞试验对分析结果进行确认，由于计算分析无法准确得出后流冰、残留冰和循环间结冰的冰形，因此也需要冰风洞试验来获取这些冰形；对这些冰形对螺旋桨性能的影响，可通过带模拟冰形的干空气飞行试验进行确认；并且需要评估冰脱落对发动机和结构的影响，确认冰脱落的大小在发动机和结构限制以内。另外，需要评估螺旋桨上的结冰对螺旋桨振动特性的影响，不能由于结冰造成螺旋桨和发动机振动超标。在自然结冰条件下演示机翼的防冰性能、冰脱落，并检查是否存在结冰异常情况。

对于螺旋桨防冰系统的设备，应当进行设备鉴定试验，验证设备功能和性能，并确认在所有预期的运行环境下，设备能正确执行其预定的功能。

如果系统设备存在软件和复杂电子硬件，则应当表明其对 DO－178 和 DO－254 过程目标的符合性。

螺旋桨防冰系统审定流程图见附录图 4。水滴撞击分析见 7.1 节，热能防冰系统的载荷分析见 7.3 节，冰形分析见 7.4 节，冰脱落分析见 7.5 节，地面超温验证见 9.5 节，防冰系统的冰风洞性能验证见 10.10 节，防冰系统干空气飞行试验验证见 11.1 节，人工冰形飞行试验见 11.2 节，自然结冰飞行试验见 11.4 节。

6.4　风挡防冰除雾系统

对于风挡加温系统，应当进行热分析，确认防冰所需功率是足够的，并通过干空气飞行试验和自然结冰分析试验对热分析进行确认，另外，还需要进行系统安全性分析，并通过飞行试验等手段对安全性分析的结果进行确认。

对于风挡系统的设备，应当进行设备鉴定试验，验证设备功能和性能，并确认在所有预期的运行环境下，设备能正确执行其预定的功能。

如果系统设备存在软件和复杂电子硬件，则应当表明其对 DO－178 和 DO－254 过程目标的符合性。

风挡防冰系统审定流程见附录图 5。水滴撞击分析见 7.1 节，热能防冰系统载荷分析见 7.3 节，防冰系统干空气飞行试验验证见 11.1 节，自然结冰飞行试验见

11.4 节,系统失效情况下的飞行试验验证见 11.5 节。

6.5 大气数据防冰系统

对于大气数据系统,应当进行热分析,确认防冰所需功率是足够的,并通过冰风洞试验和自然结冰分析试验对热分析进行确认,另外,还需要进行系统安全性分析,并通过飞行试验等手段对安全性分析的结果进行确认。

对于大气数据防冰系统的设备,应当进行设备鉴定试验,验证设备功能和性能,并确认在所有预期的运行环境下,设备能正确执行其预定的功能。

如果系统设备存在软件和复杂电子硬件,则应当表明其对 DO-178 和 DO-254 过程目标的符合性。

大气数据防冰系统审定流程见附录图 6。水滴撞击分析见 7.1 节,热能防冰系统的载荷分析见 7.3 节,防冰系统的冰风洞性能验证见 10.11 节,自然结冰飞行试验见 11.4 节。

6.6 结冰探测系统

结冰探测系统分为咨询式结冰探测系统和主导式结冰探测系统,相关条款要求见 5.8 节。由于主导式结冰探测系统是探测结冰的唯一方式,飞行机组没有责任判断结冰条件,因此,对系统有较高的要求,通常局方会通过问题纪要提出相关的要求。结冰探测器的探测方式可以是探测参考表面的结冰,也可以直接探测防护表面的结冰。对于探测参考表面的结冰,结冰探测器所处的位置应当在大多数情况下比防护表面更先结冰,对于主导式结冰探测系统,应当在任何时候比防护表面更先结冰,除非结冰探测系统未给出结冰信号之前飞机防护表面上的结冰是可接受的,这就需要通过相关的安装位置分析进行确认。结冰探测器的位置是否合适由机头局部流场所决定,因此,在对安装位置进行确认时必须能模拟该局部流场,冰风洞由于尺寸限制,无法将整个机头部分放入,通常直接通过自然结冰飞行试验对安装位置进行确认。另外,结冰探测器本身的探测性能需要通过设备鉴定试验进行确认。还需要进行系统安全性分析,并通过飞行试验等手段对安全性分析的结果进行确认。

对于结冰探测系统的设备,应当进行设备鉴定试验,验证设备功能和性能,并确认在所有预期的运行环境下,设备能正确执行其预定的功能。

如果系统设备存在软件和复杂电子硬件,则应当表明其对 DO-178 和 DO-254 过程目标的符合性。

结冰探测系统审定流程见附录图 7。水滴撞击分析见 7.1 节,安装位置分析见 7.2 节,结冰探测系统的安全性分析见 8.2 节,结冰探测的冰风洞性能验证见 10.6 节。

6.7　非防护表面

对于运输类飞机，典型的非防护表面包括机头雷达罩、天线、起落架、冲压空气涡轮、环控冲压空气进气口、燃油通风口、平尾、垂尾等。对于非防护表面，应当进行冰形分析，通过冰风洞试验验证计算分析的准确性，确定临界冰形，分析结冰对系统功能的影响，包括冰积聚对系统本身功能以及受影响的其他功能（如雷达罩结冰对下游大气数据探头功能的影响）的影响、对飞行品质的影响、对颤振特性的影响、冰脱落对发动机和结构的影响，然后通过人工冰形干空气飞行试验对相关的影响进行确认，最后进行自然结冰飞行试验，检查是否存在结冰异常情况。

非防护表面的审定流程见附录图 8。水滴撞击分析见 7.1 节，冰形分析见 7.4 节，冰脱落分析见 7.5 节，冰风洞试验见 10.5 节和 10.12 节，人工冰形飞行试验见 11.2 节，自然结冰飞行试验见 11.4 节。

参考文献

[1] FAA. Aircraft Ice Protection (AC 25-73A) [S]. FAA, 2016.
[2] RTCA. DO-160G Environmental Conditions and Test Procedures for Airborne Equipment [S]. RTCA, 2010.
[3] RTCA. DO-178G Software considerations in airborne systems and equipment certification [S]. RTCA, 2011.
[4] RTCA. DO-254 Design assurance guidance for airborne electronic hardware [S]. RTCA, 2000.
[5] SAE International. Guidelines and methods for conducting the safety assessment process on civil airborne systems and equipment [M]. SAE International, 1996.

7 结 冰 分 析

7.1 水滴撞击分析

飞机在飞行的过程中，在离飞机较远的地方，气流未受干扰，悬浮在气流中的水滴被气流粘附着一起运动，此时，水滴运动轨迹与气流流线重合。在接近飞机表面时，比如飞机机翼，由于水滴的质量和惯性比空气质点大，因此不能像空气质点那样剧烈弯曲，它将力求保持原有的运动方向，因此偏离了气流流线而撞击飞机表面。水滴撞击特性通常包括水滴撞击极限、局部水收集系数和总的水收集系数。在对飞机表面结冰情况进行分析时，在飞机表面不同区域上水滴撞击特性的分析有着重要的意义；另外在飞机防冰系统设计时也要根据水滴撞击极限、水滴收集率来对防冰区域面积和热载荷进行预测。

7.1.1 撞击极限

对于大多数结冰防护系统，在确定其弦向范围时，需要考虑包括水滴撞击极限和水收集方面的数据。确定过冷水的水滴撞击极限和引起的水收集量与若干变量有关，包括表面外形、姿态、当地的气流角度、空速、雷诺数、水滴尺寸（质量）、水收集率、暴露时间以及大气中的 LWC。通过对飞机的所有飞行阶段和构型进行研究确定水滴在表面上撞击的弦向范围，以及为防止表面冰积聚或对表面进行除冰而需要的保护。

AC 20 - 73 中有关于使用 50 μm MED① 水滴成功进行了合格审定以及使用 20 μm MED 水滴成功确定水收集率的说明。而 FAA 技术报告 DOT/FAA/CT - 88/8 - 1 提出，就设计目的而言，通常使用 40 μm 尺寸的水滴来确定水滴撞击极限。

大气云层中的水滴直径变化是很大的。鉴于 MED 或 MVD 都只代表了其平均水滴直径，所以云层中肯定有大于 MED 或 MVD 直径的水滴存在。NACA 研究人员过去使用如表 7 - 1 所示的朗缪尔分布来计算用于定义 25 部附录 C 结冰条件的

---

① MED 是 median equivalent diameter 的首字母简写，现在常采用 median volume diameter (MVD)。

MED数据，所以我们可以用朗缪尔分布来描述25部附录C的云层水滴直径的变化。鉴于大于MVD的水滴是存在的，所以可以考虑使用25部附录C的朗缪尔D分布中的50 μm最大中值水滴直径，来确定撞击极限。

表7-1 朗缪尔分布

每挡水滴尺寸液态水含量百分比/%	朗缪尔分布—水滴直径/中值水滴直径				
	A	B	C	D	E
5	1.00	0.56	0.42	0.31	0.23
10	1.00	0.72	0.61	0.52	0.44
20	1.00	0.84	0.77	0.71	0.65
30	1.00	1.00	1.00	1.00	1.00
20	1.00	1.17	1.26	1.37	1.48
10	1.00	1.32	1.51	1.74	2.00
5	1.00	1.49	1.81	2.22	2.71

如果未考虑直径大于最大平均值的水滴并且不计及低于选定的局部水收集率（如0.10）的水收集量，就有可能忽略在水滴撞击极限点处发生的可能引起不利气动影响的薄层粗糙冰积聚。

7.1.2 水收集系数

撞击在部件表面上的水沿表面分布是不均匀的，在驻点附近，撞击水量最大，从驻点向外水量逐渐减少，达到撞击极限时，撞击水量为零。为了了解撞击水量沿表面的分布情况，必须进行表面的局部水收集率计算。因此需要引入水收集系数。

水收集系数是指表面上实际水撞击率和表面最大可能的水收集率之比。水收集系数有总水收集系数和局部水收集系数。局部水收集系数即微元表面上实际水收集率与该微元表面上最大可能的水收集率之比，它是表征微元表面水收集能力的一个参数。计算方法可见参考文献[9]。

1）水滴撞击特性计算

水滴的运动特性在很大程度上受空气流场的影响，因此，我们首先建立相关方程求解空气场。由于需要考虑空气粘性的影响，因此通常情况下求解N-S方程，来获得空气场中温度场、速度场和压力场等的分布情况。

对于水滴撞击特性的计算，主要有两种方法：拉格朗日法和欧拉法。

拉格朗日法是以某一个水滴为对象，根据牛顿第二定律建立相关的运动方程，求解其受力方程从而得到水滴的运动轨迹。水滴撞击特性的计算步骤主要概括为如下几步：

(1) 根据空气场的运动分布求解水滴运动方程，得到水滴的运动轨迹。

(2) 根据得到的水滴运动轨迹判断水滴与物体表面是否碰撞，并确定碰撞点。

(3) 根据以上两步确定的水滴运动轨迹和碰撞点位置，计算得到局部水收集系数等水滴撞击特性。

而欧拉法是建立在场论的思想上，将水滴看成是连续相，引入水滴容积分数的概念后，建立水滴的连续方程和动量方程，得到各个网格节点处的水滴速度和容积分数，从而可得到物体表面的水滴撞击区域及撞击量。欧拉法计算水滴撞击特性时需要注意两点：一是壁面边界分为撞击区和非撞击区，在撞击区内，速度方向指向壁面，允许水滴流出计算区域；非撞击区域，水滴容积分数设为零。二是在水滴连续方程中需加入数值扩散项解决水滴容积分数异常的问题。

无论是拉格朗日法还是欧拉法都有其优势和不足。拉格朗日法对二维或几何形状简单的表面非常适用，但对复杂外形处理不太适用；欧拉法适合三维复杂表面，但粒径过大时则可能不再满足连续介质假设，因此适用范围受到限制。

2) 过冷大水滴撞击特性

在飞机所处的结冰条件下存在着大尺寸的过冷水滴(SLD)，大尺寸水滴在撞击的过程中可能会发生变形、破碎、反弹和飞溅，这对水滴撞击特性造成了很大的影响。

过冷大水滴撞击飞机表面发生的破碎、变形、反弹和飞溅会影响壁面上水滴收集系数和结冰冰形，国内外对此进行了大量的实验研究，并在不同实验条件下总结了相关的经验公式，经验公式可以参考相关文献资料，但在使用过程中要注意不同计算模型公式的适用范围，在计算水滴运动、撞击中需要用到的经验模型包括阻力模型、破碎模型和反弹/飞溅模型。

7.2 结冰探测器的安装位置分析

结冰探测器的安装位置必须保证能够在机身或者发动机进气口出现危险冰积聚之前发出结冰信号。为此，结冰探测器的安装分析应当表明在所有的飞行阶段、飞机构型和25部附录C定义的结冰条件组合参数(LWC、MVD、温度、高度)下，探测器处于合适的位置，例如结冰探测器探头应该充分暴露于结冰环境之中，其结冰临界温度应高于探测表面的结冰临界温度，并且应当考虑上游部件对结冰探测器所在位置的局部流场的影响，包括大气数据探头、天线、雷达罩结冰等。

7.2.1 水滴撞击分析

局部流动状态会影响结冰探测器，在确定结冰探测器安装位置时，要对候选位置进行空气流场和水滴场分析。由于上游机头形状的影响，不同大小水滴的遮蔽高度有很大的区别，所谓遮蔽高度是指在该高度以下，没有特定大小的水滴存在。小水滴由于能更好地跟随气流场而运动，因此通常具有更小的遮蔽高度。对于较大的过冷水滴，流动靠近机体的那部分将直接撞击到雷达罩上，只有更靠外侧的部分还跟随气流运动，因此遮蔽高度更高。

当然，除了水滴直径以外，遮蔽高度还与其他多个因素相关。分析应当涵盖不同水滴直径、不同攻角、不同速度等多个组合工况。由于探头伸入气流中的高度越高，结冰探测器除冰所需的功率也越高，因此，在可能的情况下，应当选择遮蔽高度最低的位置来安装结冰探测器。

由于空气中的水滴直径并不是单一的(见 7.1.1 节)，在评估结冰探测器所在位置的探测能力时，可以考虑大气中的水滴分布情况。例如对于 MVD 为 50 μm 的过冷水滴，如果 50 μm 及以上的水滴无法探测到，则可以研究 50 μm 以下部分的水滴及其比例，并确认结冰探测器的冰风洞性能试验(见 10.6 节)已经覆盖这部分的验证，或者在冰风洞试验时补充这种工况。

7.2.2 尾迹分析

尾迹分析是为了确定结冰探测器及其邻近的其他传感器(包括总压探头、静压探头、攻角传感器和总温探头等)之间是否存在相互干扰的情况。尾迹分析如图 7-1 所示。

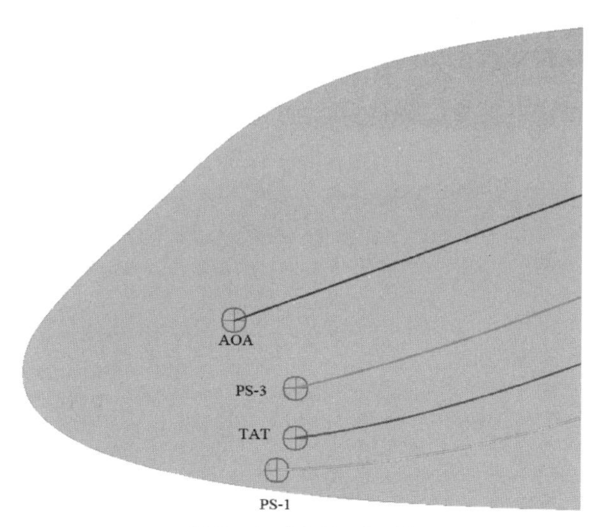

图 7-1 尾 迹 分 析

对于结冰探测来说，该分析的目的是保证结冰探测器所在位置不会被任何其他传感器所遮蔽，分析应当考虑飞机所有攻角范围和不同的飞行速度。

7.2.3 临界温度分析

在给定飞行状态下的临界温度是指当表面刚开始结冰的自由流静温。在机翼和发动机进气道前缘，由于空气的滞止作用，局部温度比自由流空气的温度更高。但是在滞止点下游的气流加速区，局部温度比自由流空气的温度更低，因此通常在该区域的临界温度更高。

对于结冰探测来说，为了确保结冰探测器能在防护表面结冰前发出告警，要求结冰探测器的临界温度必须要高于整个防护表面的临界温度。临界温度依赖很多变量，主要包括收集系数、最小压力系数、空速、液态水含量、MVD和湿度。

在对临界温度和水滴撞击进行分析的过程中，要考虑结冰系数。结冰系数是与表面接触后发生冻结的水的数量与上表面总的水收集数量之比。因为结冰探测器的局部温度接近0℃，所以撞击结冰探测传感器的水滴不一定全部发生冻结，即结冰系数可能不为1。在涡轮发动机进口、升力面局部高速区等位置，局部温度较低，结冰系数较高。但是与此同时，撞击在结冰探测器上的水可能会以液相的形式留下来，或从探测器上脱落，导致结冰探测延迟，就会存在大量冰积聚在关键表面，但结冰探测器却无法探测到的情况。因此必须要考虑结冰系数小于1的情况。在这种情况下，结冰探测器的结冰速率应该高于飞机设计包线中结冰条件规定的飞机的其他部分的结冰速率。还要求即使在结冰探测器响应时间延迟的情况下，机身、发动机系统、进气系统不会出现危险的冰积聚。目前，结冰计算程序无法得到低结冰系数下较为准确的结果，因此针对这种情况，必须采用冰风洞试验或者进行自然结冰飞行试验，对结冰探测器进行较为全面的评估。

7.2.4 集中系数

液态水含量会影响结冰探测器的临界温度，当液态水含量增加时，临界温度也会随之增加，因此撞击水的质量流量决定了结冰探测器的结冰性能，其中水的质量流量为

$$\dot{m}_{\infty} = V_{\infty} LWC_{\infty} \tag{7-1}$$

式中，V_{∞}为水滴在自由流中的速度。水通量系数WFF定义为

$$WFF = \frac{\dot{m}_1}{\dot{m}_{\infty}} \frac{V_1 LWC_1}{V_{\infty} LWC_{\infty}} \tag{7-2}$$

集中系数(CF)是指在结冰探测器周围的局部液态水含量和自由流中的液态水含量的比值：

$$CF = \frac{LWC_1}{LWC_{\infty}} \tag{7-3}$$

式中，下角标中的1代表局部量；∞代表自由流的量。

7.3 热能防冰载荷分析

申请人应当在结冰保护系统的设计中对能源进行评估(如电、引气)。对于每一种能源都要进行电气负载分析或试验,以此来确定提供给结冰保护系统和其他在整个需要结冰保护系统工作的飞机飞行包线内的能源是足够的。

防冰热载荷是指飞机在结冰条件下飞行时,防冰系统工作使表面温度达到一定值时所需要的加热热流。其值与飞行状态、环境气象条件以及表面温度的设定有关。

在进行热载荷计算时,首先对热流项进行分析,再根据防冰表面的能量平衡得到能量守恒方程:

$$H_{imp} + H_{in} + Q_{anti} = Q_c + H_{out} + H_{ev} \tag{7-4}$$

式中,H_{imp}为水滴撞击带来的焓值,包含了水滴从远场温度升高到参考温度所需要的热量和水滴滞止所导致的动能变化量;H_{in}为上游溢流水带来的焓值;H_{out}为溢流水向下游流动带走的焓值;Q_{anti}为防冰系统加热带来的能量;Q_c 为表面对流换热导致的散失热量;H_{ev}为表面水蒸发带走的焓值。

根据(7-4)可以得到表面温度为 t_{sk}时防冰热载荷表达式如下:

$$q_n = Q_{anti} = h_c(t_j - t_{rec}) + \dot{m}_{ev}L_v + \dot{m}_{imp}\left[c_{p,\,w,\,\infty}(t_j - t_\infty) - \frac{1}{2}u_{w,\,\infty}^2\right] - \dot{m}_{in}c_{p,\,w,\,j-1}(t_{j-1} - t_\infty) + \dot{m}_{out}c_{p,\,w,\,j}(t_j - t_\infty) \tag{7-5}$$

式中,t_j 为第 j 个控制体的温度;t_∞为来流温度;t_{rec}为恢复温度;h_c 为对流换热系数;$c_{p,\,w}$为水的定压比热;u_w 为水滴速度;L_v 为蒸发潜热;$\dot{m}_{in}$和$\dot{m}_{out}$分别为流进和流出控制体的质量流率;$\dot{m}_{ev}$为单位面积内水的蒸发质量流率;$\dot{m}_{imp}$为水滴撞击质量流率。

建立防冰控制容积的质量守恒关系式:

$$\dot{m}_{in} + \dot{m}_{imp} = \dot{m}_{ev} + \dot{m}_{out} \tag{7-6}$$

根据以上得到的两个公式,可以分析得到,现有 5 个未知量:$\dot{m}_{in}$、$\dot{m}_{out}$、q_n、t_j 和t_{j-1}。为了使方程组封闭,必须增加相关条件。由于防冰区域内溢流水的厚度相对较小,因此认为溢流水和表面换热充分以至于两者温度相等,即 t_j、t_{j-1}和 t_{sk}相等并可看作一个未知量。另外因为方程的求解是从滞止点开始的,此处$\dot{m}_{in}=0$,因此便可以计算得到滞止点处控制体的$\dot{m}_{out}$值,而下一个控制体的$\dot{m}_{in}$与滞止点处$\dot{m}_{out}$相等。所以,在以上两个方程中,在给定了表面温度 t_s 时,就只有两个未知数$\dot{m}_{out}$和q_n,方程组封闭可解。

完全蒸发热防冰系统可分为干态防冰和湿态防冰。干态防冰是指撞击水能够在撞击区域内完全蒸发,而湿态防冰是指撞击水能够在加热区域内完全蒸发。因此对于干态和湿态防冰，所需的表面温度不同，干态对应的温度要高于湿态对应的温度。在湿态防冰中，撞击水不能够在撞击区域内完全蒸发，存在溢流水流出撞击极限边界的情况。溢流区域的大小受到很多因素的影响，例如飞行速度、环境温度以及热防冰系统提供的能量等。在设计防冰系统的时候需要对溢流区域的大小进行预测，并将其与加热区的大小进行对比评估防冰系统的防冰能力。

另外，湿态防冰会引起后流冰积聚，因此在考虑表面粗糙度时，需要考虑后流冰积聚。由溢流水引起冰积聚的冰形很难进行分析预测。可能会需要通过自然结冰条件飞行试验、模拟结冰条件飞行试验或冰风洞试验来确定后流冰的结冰范围和特性。

7.4 冰形分析

飞机不同的部位在飞行过程中结冰情况不尽相同，对飞行情况的影响也就不同。因此在进行B分部相关条款验证时，要对飞机飞行过程中的结冰过程和形成的冰形进行分析。

在进行冰形分析时，主要考虑未防护表面的结冰和防护表面的结冰。按照CCAR-25部附录C中所规定的最大连续结冰条件和最大间断结冰条件，以及AC 20-73的附录R-4中定义的冰形，需要对飞机的起飞阶段(包括第一阶段和第二阶段)、单发或双发爬升阶段、下降和待机阶段、进场和着陆阶段进行冰形分析。

7.4.1 未防护表面

1) 起飞结冰

起飞结冰是从起飞到起飞表面上方120 m(400 ft)高度，假定起飞时飞机处于25部附录C第Ⅰ部分(c)节规定的结冰条件下，即云层液态水含量为0.35 g/m^3，平均水滴直径为20 μm，地面环境温度为−9℃，飞机的表面为最临界的结冰。某些飞机将在起飞阶段抑制机翼防冰系统的开启，这种情况下，需要同时考虑防护表面的结冰。

起飞阶段可能存在不同的襟翼和缝翼构型，在计算起飞冰形时需要组合考虑。

另外，如果发动机在超出V_1后失效，飞机将以一台发动机失效的状态起飞，起飞和爬升速度将有所不同，同样需要考虑这种情况。

2) 起飞最后阶段结冰

起飞最后阶段结冰是从120 m(400 ft)到457 m(1 500 ft)(或达到V_{FTO}并完成航路形态转变的高度，两者取较高值)的结冰。飞机越障时可能需要在1 500 ft以上仍然保持起飞构型，在这种情况下，起飞最后阶段冰形应当考虑达到V_{FTO}并完成航路形态转变的高度。假定起飞时飞机处于25部附录C第Ⅰ部分(c)节规定的最大起飞结冰条件下，即云层液态水含量为0.35 g/m^3，平均水滴直径为20 μm，地面环境温度为−9℃。对于1 500 ft以上的结冰，可使用与25部附录C第Ⅰ部分(c)节同样的条件。

申请人应当选择不同的起飞构型下最临界的冰积聚，包括不同的最大起飞重量、攻角、爬升性能，以及所有发动机工作和一发不工作的情况。

由于起飞和起飞最后阶段是相继连续的，因此，起飞最后阶段的冰形应当使用起飞和起飞最后阶段的组合冰积聚。

3）航路结冰

航路结冰包括从起飞最后阶段爬升到巡航高度的结冰、在巡航高度上的结冰以及从巡航高度下降至等待高度的结冰（ETOPS 改航除外，见 ETOPS 结冰）。

对于爬升和下降，根据爬升和下降的速度，大约为 10～15 min。通常可考虑遭遇一个连续最大结冰云或者 3 个间断最大结冰云，并考虑飞机不同的状态，如重量、构型、发动机单发或双发等情况，有些飞机在审定中甚至考虑在双发停车飘降过程中的结冰。

正如 5.6.2 节所述，附录 C 包线高度以上仍然可能存在结冰气象条件。在缺乏将连续最大结冰条件扩展到 22 000 ft 以上以及将间断最大结冰条件扩展到 30 000 ft 以上的经验数据的情况下，可以采用以下保守的假设：

(1) 22 000 ft 高度上的连续最大结冰条件扩展到最大运行高度。假设液态水含量为 25 部附录 C 图 1 中最低温度所显示的值，并且－40℃以下没有液态水。

(2) 30 000 ft 高度上的间断最大结冰条件扩展到最大运行高度。假设液态水含量为 25 部附录 C 图 4 中最低温度所显示的值，并且－40℃以下没有液态水。

为了表明飞机能够在 22 000 ft 以上的连续最大结冰条件和 30 000 ft 以上的间断最大结冰条件下安全运行，应当考虑以下航路冰形：

爬升穿越一个附录 C 包线内的 17.4 n mile 连续最大结冰云后的临界冰积聚，加上一个位于 22 000 ft 至最大巡航高度之间的连续最大结冰云的结冰。对于非防护表面，应当选择 310 n mile。如果有限制要求退出高高度结冰环境，冰云的尺寸限制在 17.4 n mile。

爬升穿越一个附录 C 包线内的 2.6 n mile 间断最大结冰云后的临界冰积聚，加上一个位于 30 000 ft 至最大巡航高度之间的间断最大结冰云的结冰。对于非防护表面，应当选择 5.21 n mile。如果有限制要求退出高高度结冰环境，冰云的尺寸限制在 2.6 n mile。

4）等待结冰

根据 AC 20－73A，等待结冰的时间为 45 min，使用 25 部附录 C 的连续最大结冰条件，假定飞机保持矩形轨迹飞行，每一个转弯都是在结冰云层内进行。所以对于这方面的分析，就没有云层水平范围的修正，液态水含量系数为 1。

等待包括大重量等待和小重量等待。

5）进场结冰

进场结冰是等待阶段结束后飞机转入最为临界的进场形态时飞机表面的结冰。通常可考虑遭遇一个连续最大结冰云或者 3 个间断最大结冰云。

进场结冰和等待结冰是相继连续的，因此，进场冰形应当使用等待结冰和进场结冰的组合。通常局方可接受总共 45 min 的等待和进场的组合。

6）着陆结冰

着陆结冰是进场阶段结束后飞机转入着陆形态时飞机表面的结冰。通常可考虑遭遇一个连续最大结冰云或者 3 个间断最大结冰云。

着陆结冰和等待结冰、进场结冰是相继连续的，因此，着陆冰形应当使用等待结冰、进场结冰和着陆结冰的组合。通常局方可接受总共 45 min 的等待、进场和着陆的组合。

7）ETOPS 结冰

单发失效或客舱泄压的飞机依据 ETOPS 指导规则运行时，有可能不得不在会引入结冰的高度和空速之下，进行更长时间的下降和巡航，更长时间暴露于结冰条件下。

CCAR－K25.1.3 规定，飞机必须能够在下述严重结冰的情况下安全进行 ETOPS 备降：

(1) 在一台发动机失效或座舱释压后，飞机必须在某一高度飞行遭遇的结冰条件。

(2) 在 25 部附录 C 指定的连续最大结冰条件下（液态水含量系数为 1.0）保持 15 min。

(3) 在 25 部附录 C 指定的结冰条件下，近进和着陆过程中结聚的冰。

参考系统安全性分析的理念，为了确定飞机在这一高度长时间飞行可能遭遇的最严重结冰，必须表明超出该结冰遭遇的概率与飞机必须在结冰条件下运行（如发动机空中停车或者释压）的概率的组合是极不可能的。即

$$P_{\text{结冰条件}} \times P_{\text{系统失效}} < 1 \times 10^{-9} / \text{飞行小时} \tag{7-7}$$

式中，$P_{\text{结冰条件}}$ 为遭遇该结冰条件的概率；$P_{\text{系统失效}}$ 为引起飞机在结冰高度进行 ETOPS 改航的系统失效的概率。

在较早的 ETOPS 批准中，定性地认为，导致飞机不得不在结冰条件下飞行的系统或动力装置失效的概率组合两个 200 n mile 的结冰遭遇是极不可能的。

根据 FAA 结冰手册，结冰距离的概率曲线如图 7－2 所示。

可能使飞机长时间暴露在结冰条件下的 ETOPS 改航场景通常包括如下几种：

(1) 单发失效，并且座舱释压，飞机在 10 000 ft 安全高度改航。

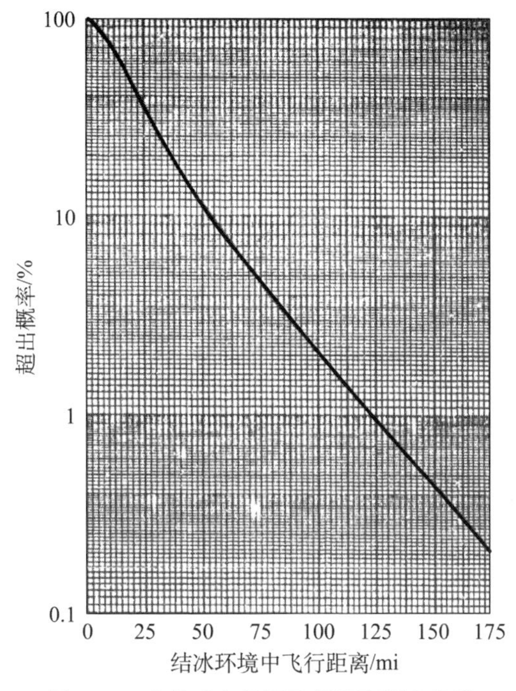

图 7-2 在结冰条件下飞行距离概率曲线

(2) 发动机未失效,座舱释压,飞机在 10 000 ft 安全高度改航。

(3) 单发失效,座舱未释压,飞机在单发最大巡航高度改航。

根据上述事件的概率,按照式(7-7)可以计算得到结冰距离的概率。查询图 7-2可获得结冰环境中的飞行距离。按照附录 C 图 3,可获得该结冰飞行距离的液态水含量系数,结合水滴直径和温度,从而可计算出 ETOPS 改航结冰条件下的最大冰形。

但是,图中的结冰超出概率值较高(大于 1×10^{-3}),在系统失效概率较大的情况下无法直接使用。为此,可对上述曲线进行适当的外推,以获得必须考虑的在结冰环境中的飞行距离。

为了确定 ETOPS 改航情况下可能遭遇的结冰条件的概率,另一种计算方法是使用加拿大大西洋风暴项目(CASP Ⅱ)的试验数据。CASP Ⅱ研究引入了过冷水收集(SWC)的概念。SWC 是通过对飞行过程中的 LWC 测量值对时间的积分获得的,如图 7-3 所示。

对 CASPⅡ项目飞行试验期间获得的 SWC 数据进行了统计,该统计数据用来确定 SWC 的概率超出值。同样,由于飞行试验的数据量是有限的,对于很低的概率没法直接通过统计数据获得。研究人员通过 Gamma 分布和 Gringorten 分布对统

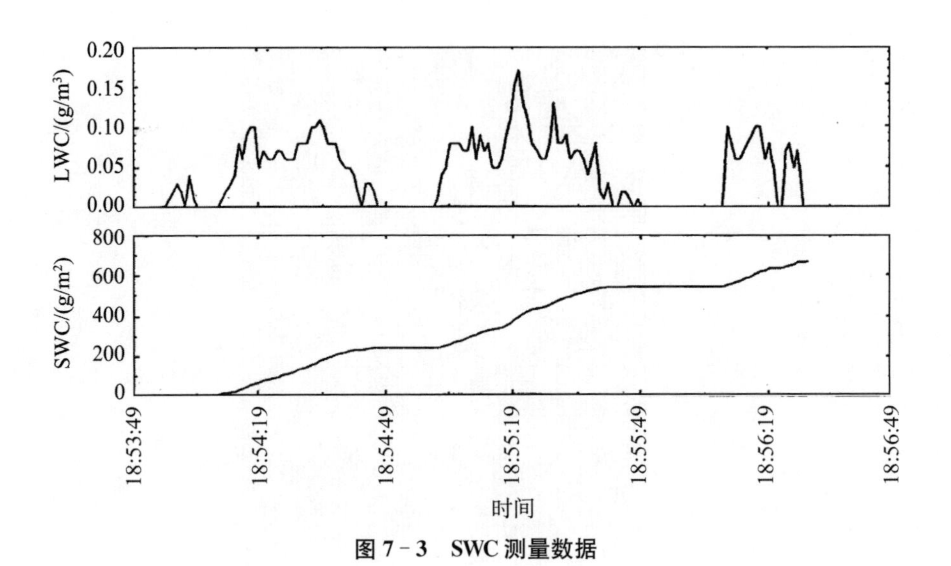

图 7-3 SWC 测量数据

计概率进行了外推，并且 Gamma 分布相对更保守些。

根据 AIAA 94-0483 图 8(见图 7-4)，结合系统失效的概率，可获得 SWC。例如对于概率为 1×10^{-6}/飞行小时的系统失效，SWC 超出设计值的概率必须小于 1×10^{-3}，即 SWC 必须大于 50 kg/m^2。由于 $SWC=LWC\times V\times T$，根据改航的飞行速度和选定的 LWC 和 MVD 值，可以获得暴露在结冰条件下的总时间，从而可通过计算代码获得 ETOPS 巡航阶段的冰形。

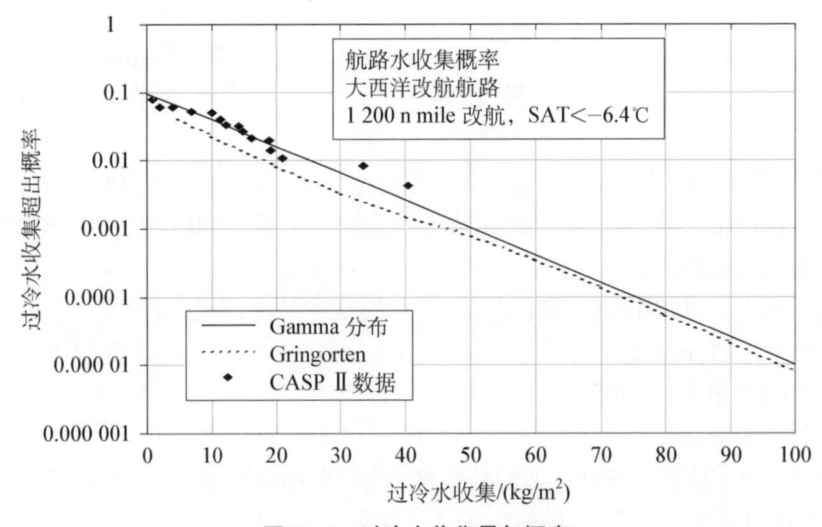

图 7-4 过冷水收集量与概率

上述 SWC 的概率是基于 1 200 n mile 的改航场景得出的，对于较短的改航距离，其是保守的。对于更长的改航距离，可通过 SWC 乘以实际改航距离与 1 200 n mile 的比值确定。

还有一种定量化的方法为蒙特卡洛法，蒙特卡洛模拟是一种通过设定随机过程，反复生成时间序列，计算参数估计量和统计量，进而研究其分布特征的方法。蒙特卡洛模拟方法的原理是当问题或对象本身具有概率特征时，可以用计算机模拟的方法产生抽样结果，根据抽样计算统计量或者参数的值；随着模拟次数的增多，可以通过对各次统计量或参数的估计值求平均的方法得到稳定结论。采用蒙塔卡洛法计算 SWC 需要使用大量气象统计数据，可参考美国气象局的全球大气统计数据库和 CASP Ⅱ试飞数据。

根据经验，180～330 min 的 ETOPS 结冰大致相当于在液态水含量系数为 1 的结冰云中飞行 15～20 min。

7.4.2 防护表面

1）延迟结冰

对于防护表面，防冰系统的开启将依赖结冰探测器的结冰信号或者飞行员对结冰条件的判断，防冰系统的开启可能会存在延迟。对于热能防冰，系统需要一定的时间达到预定的防护温度。考虑到这些因素，通常情况下认为 2 min 的延迟结冰时间是合理的。申请人应使用 25 部附录 C 中的连续最大结冰条件来计算延迟结冰，其液态水含量系数应为 1。

2）失效结冰

根据 AC 25－25 中所定义的防/除冰系统失效的情况，“如果在飞行手册中要求飞机尽快改出结冰区域的情况，飞机结冰应该考虑防护表面和未防护表面结冰时间为待机结冰飞行时间的一半，即 22.5 min”。AC 20－73A 也提出了类似的要求，但同时也允许按申请人所确认的时间。

申请人在确认失效逃离的时间时，可参考 AC 23.1419－2D 中描述的场景，考虑以下时间：

（1）系统通告失效。

（2）机组决定采取动作并且通知空管（例如 2 min）。

（3）离开结冰条件。

离开结冰条件的时间应当包括一个标准转弯率的 180°转弯，并穿越一个 25 部附录 C 的连续最大结冰云。穿越考虑 3 种不同的情况：水平穿越、爬升穿越和下降穿越。水平穿越的距离为标准的连续最大结冰云的范围，即 17.4 n mile。连续最大结冰云的垂直范围为 6 000 ft，理论上可根据飞机在云层中的位置选择爬升或下降，以便在最短时间内离开结冰条件，因此爬升或下降的垂直高度最大为 3 000 ft。但实际上根据飞行员的判断和飞机的状态，可能会选择在更大的垂直高度方向离开结冰条件，因此考虑一定的保守性，将 4 000 ft 作为爬升或下降的垂直范围。除了 17.4 n mile的标准结冰云，还应当考虑 46 n mile 的结冰云，根据附录 C 图 3，46 n mile 的液态水含量系数为 0.68，因此在计算得出的水平穿越时间应乘以该系数。

通常情况下，按照上述场景计算得出的逃离时间范围为 10～15 min。

3) 循环间结冰

对于除冰系统，系统按照一定的时间间隔循环开启和关闭，在除冰系统关闭的这段时间，防护表面同样会存在结冰。循环间结冰即在除冰系统最大除冰间隔时间内防护表面上最为临界的结冰。

4) 残留冰

对于气动膨胀管除冰系统，由于冰与膨胀管之间的粘附力，不是所有破碎的冰都会从除冰表面脱落。残留的冰会不规则地分布在防护表面，由于粘附的随机性，这种结冰无法准确计算，通常只能通过冰风洞试验获取。

5) 后流冰

在某些情况下，如热能防冰系统的加温能力不足时，防冰系统可能无法将撞击的过冷水完全蒸发，离开被保护表面流向未防护表面的水冻结或再次冻结以后形成的结冰，即为后流冰。目前的结冰分析手段可以预测后流冰的量，但是无法预测后流冰的冰形。因此，后流冰冰形通常需要通过试验手段获取。

7.4.3 临界冰形

按照 FAA 飞机结冰计划- 12A 工作组的定义，临界冰形是指那些在结冰合格审定包线内能够产生的、在适用飞行阶段对飞机的性能和操纵品质有最不利影响的具有几何形状和特征的冰形；按照 AC 20 - 73A 附录 B 的定义：临界冰形是指在规定要求的结冰条件下飞机表面形成的冰形，它产生对飞机特定安全要求最不利的影响。对飞机的某一表面，临界冰形可以因不同的要求而不同（如失速速度、爬升、飞机操纵性、大气数据系统性能、用于操纵力“感觉”调节的动压探头、冰脱落引起的吞冰和结构损伤、发动机推力、发动机操纵和气弹稳定性）。

“对性能最不利的影响”是指冰形和冰的特征可以导致最大的升力损失、最大的失速攻角减少、最大的阻力增加、合格审定条件下最大俯仰力矩改变；“对操纵品质最不利的影响”是指冰形和冰的特征可以对飞机操纵动力学特性产生最大影响。

临界冰形的确定需要考虑两方面的因素，一方面是对于同一个飞行阶段，不同的结冰温度、液态水含量和水滴直径，形成的冰形也是不同的，哪种结冰条件下形成的冰形具有对规定的性能或操纵品质最不利的影响，是临界冰形选择的一个关注点。另一方面临界冰形还会随飞机的构型和飞行阶段而变化。申请人可以设计一种飞机表面临界冰形使之适用于所有的飞行安全考虑、构型和飞行阶段，从而减少需要制作的人工冰形的数量和飞行试验的量。

由于需要从飞机整个结冰包线和飞行包线范围进行临界冰形评估，飞机结冰包线范围较大，不论是计算分析还是试验验证，都成本高昂而且费时，因此，有必要通过参数敏感性分析建立结冰包线中各个参数的相互关系，寻找出其中较为严酷的结冰条件进行计算或试验。其思路是根据 CCAR－25 部附录 C 结冰气象条件，对于 MVD、LWC 以及 SAT，已知其中任意 2 个参数，就能确定第 3 个参数。在参数敏感性分析时，固定其他参数，逐个考察结冰冰形对单个参数的敏感性。

经验表明，45 min 等待冰形加上防护表面的失效冰形通常是最临界的。CCAR－25－R3 修订为 R4 版本以后，在 B 分部中引入了 FAR 25－121 号修正案的要求，即对结冰条件下的性能和操纵品质提出了定量的要求，而不是定性地要求结冰条件下安全飞行。这样一来，尽管 45 min 等待冰形可能还是最临界的，但是如果仅使用这一种冰形进行干空气飞行试验，虽然冰形制作安装等工作量会减少，但是验证结果可能无法满足 B 分部相关条款的要求。

7.5 冰脱落分析

在结冰期间或结冰过后，可能会由于发动机进气道吸入脱落的冰块而引起危害性事故，损坏发动机或影响其工作能力。脱落的冰块还可能撞击并损伤到飞机的其他部分，或引起可动操纵面的卡阻。飞机的设计应当考虑到这些危害性情况并采取适当步骤，防止发生非预期冰积聚和大块冰的脱落。

最大的冰脱落通常就发生于结冰事件以后飞机飞入温度高于冰点的环境。通常会有冰脱落的部件有飞机的尾翼前缘、风挡、机头、皮托管、天线、螺旋桨或旋翼等。经验表明，小型涡轮发动机对于冰块吸入引起的压气机叶片损伤和工作能力的影响，要比大型涡轮发动机更为敏感。脱落的冰块打击到飞机的仪表，同样会对飞机的其他系统的工作带来不利影响，例如 AOA 叶片和皮托管系统。

通过分析方法确定脱落冰块的轨迹是有困难的，因为这类轨迹要受到当地和下游的气流条件、飞机的姿态和高度、空速、脱落的冰块的形状大小、冰块的升阻比、冰块翻转以及脱落时冰块的破碎等许多因素的影响，迄今为止还没有一个能准确模拟冰脱落轨迹模型。很难表明脱落的冰块不会进入发动机进气管道或打击并损坏飞机部件，因此，适航当局通常不采信通过轨迹分析来表明符合性的方法。

同样，通过结冰喷水机或者自然结冰飞行试验评定脱落冰块轨迹也是不可靠的。因为喷水机试验或者自然结冰飞行试验的条件是有限的，包括结冰条件和飞行条件等，无法通过有限条件来囊括所有可能的冰脱落轨迹情况。

通常可接受的做法是进行冰积聚分析，预测冰块的大小和质量，并且保守地认为脱落的冰块会与下游的关键部件发生撞击。如果从飞机前部表面脱落的冰块可能撞击飞机下游的表面时，就可能需要进行结构损伤分析，还要考虑脱落的冰块对飞机部件(包括操纵面及其摇臂、铰链、操纵钢索和扰流板)和承载结构的损伤。如果脱落的冰块可能会进入发动机,则需要评估对发动机的损伤和对推力的影响,确认所有冰脱落情况下最大的冰块质量小于33部吞冰试验使用的冰块。

典型的冰脱落表面以及所需考虑的因素见以下章节。

7.5.1 机头雷达罩

机头雷达罩的结冰考虑在连续最大结冰条件下飞行45 min,液态水含量系数考虑为1,最大结冰量可能由于机头气动外形的差异而与不同的液态水含量、平均有效水滴直径和温度相关,在具体型号审定中确定。冰脱落的大小可以假设为最大结冰量的一半。

7.5.2 螺旋桨

通常情况下,螺旋桨具有防冰系统,如果螺旋桨防冰是完全蒸发式的,只有在防冰系统失效的时候才会有冰积聚,计算最大冰积聚的时间为在连续最大结冰条件下飞机逃离的最大时间,详见6.6节冰形分析的失效冰形章节,液态水含量系数根据附录C图3确定。

如果螺旋桨防冰不是完全蒸发式的,则需要考虑在连续最大结冰条件下飞行45 min的最大后流冰,液态水含量系数考虑为1。

如果螺旋桨没有防冰系统,并且在已知结冰条件下飞行,则需要考虑在连续最大结冰条件下飞行45 min的最大结冰量,液态水含量系数考虑为1;如果不在已知结冰条件下飞行,则考虑在连续最大结冰条件下飞机逃离的最大时间,详见6.6节冰形分析的失效冰形,液态水含量系数根据附录C图3确定。

螺旋桨的冰脱落情况比较复杂,冰块会在气动力、离心力、振动和弯曲等作用下,克服了冰块粘结在表面的粘性力,从而产生脱落现象。在考虑螺旋桨和转子部件上的结冰脱落情况时,要同时考虑离心力、冰与螺旋桨材料的粘附力、冰内部的结合力,以及气动力。

在审定时,如果没有试验数据或者经试验确认的分析数据,可以保守假设最大的冰积聚完整脱落。

7.5.3 机翼油箱

机翼油箱冰脱落的考虑主要针对尾吊发动机的飞机。机翼油箱冷浸透形成的结冰有两种形式,一种是由空气中的水蒸气直接凝结形成,这种结冰表面为白色霜状,另外一种为由于降雨形成,这种结冰为透明的明冰。CCAR条款121.649规定,当有霜、雪或者冰附着在飞机机翼、操纵面、螺旋桨、发动机进气口或者其他重要表面上,如果没有进行符合规范要求的除冰程序,任何人不得使飞机起飞。尽管如此,由于不像机翼前缘等部位容易被地面检查人员所触及,冷浸透情况下的人工检查相对较为困难,存在疏漏的可能性。为了确保安全,在进行适航审定时,飞机制造商应当证明,在燃油冷浸透的情况下,机翼油箱表面所能形成的最大燃油箱冷浸透结冰量不超过危险值，或者证明在结冰量超过危险值时，探测系统会向机组人员发出警告。这里所指的无危险结冰量是不会影响推力和在起飞最大推力状态下发动机吸入这些冰量不会对发动机操作特性造成影响。无危险冰积聚可基于 33 部的试验数据或者其他被局方所接受的试验数据。

在计算机翼表面结冰量时，应当考虑由于燃油冷浸透造成的机翼蒙皮最低温度，然后根据外界大气湿度和温度计算由于水汽冻结造成的最大结冰厚度。由于这样的大面积冰片厚度相对较小，所以在它进入发动机时不太可能仍然保持一个整片。因此，申请人可以认为冰片会在风扇上游流场中破碎成多块。如假设整块冰同时撞击发动机风扇叶片，其撞击能量将由多个风扇叶片同时承担。将得到的冰量与发动机最大吸冰能力进行比较，应当小于 33 部试验得到的最大吞冰能力。

7.5.4 发动机进口

1）延迟冰

当发动机进气道前缘防冰系统依靠结冰探测器或者飞行员监测结冰条件来开启时，防冰系统的开启很有可能会存在延迟。考虑飞行员选择开启防冰系统的反应时间，通常情况下认为 2 min 的延迟结冰时间是合理的。申请人应使用 25 部附录 C 中的连续最大结冰条件来计算进气道唇缘结冰量，其液态水含量系数应为 1。而且只有进气道滞止点内侧的唇缘冰会被吸入发动机。对于冰脱落的尺寸，申请人可以基于 1/3 的进气道周长来确定。通常情况下，冰片在风扇上游被吸入的过程中会发生破碎现象。针对此现象，申请人在分析时，应采用最大的碎片面积，该碎片面积应根据保守的冰片破碎评估来确定。根据试验数据，通常最大的碎片面积是原冰片面积的 1/3～1/2。因此，申请人在进行符合性分析时，应保守地选取原冰片长度的 1/2。

2）后流冰

对于在连续最大结冰条件下完全蒸发，间断最大结冰条件下湿态防冰的系统，应当确定在间断最大结冰条件下的最大唇口冰及后流冰厚度和长度尺寸，冰脱落和破碎情况与延迟冰的相同。

对于在某些特定的飞行状态下，如果在最大结冰条件下不能完全蒸发，则需要考虑表 7－2 中的结冰条件。

表 7－2 进气道唇缘冰与溢流冰

飞行条件	下降	空中保持	直线飞行
结冰设计条件	6 500 ft 下降穿越 25 部附录 C 描述的连续最大云层，云层范围系数为 1，紧接着暴露在 25 部附录 C 描述的间断最大云层中	在 25 部附录 C 描述的连续最大云层下进行 45 min 的空中保持，云层范围系数为 1	在 25 部附录 C 描述的连续最大云层中暴露 45 min，云层范围系数根据 25 部附录 C 选取，紧接着暴露在 25 部附录 C 描述的间断最大云层中

在上述给定条件下吸入这些计算得到的冰量导致的发动机损伤(基于冰片大小或动能)不应比条款 33.77 验证时吸入冰量导致的损伤更大。

7.5.5 撞击动能

申请人可以使用鸟撞的试验数据来等效表明冰块撞击的符合性,在这种情况下,需要证明鸟的撞击动能大于冰块。

撞击叶片为第一级叶片,对于涡轮风扇发动机,风扇是第一级叶片。吸入风扇的最大冰块尺寸可以假设等于风扇叶片和叶片之间的距离,因为叶片和叶片之间的冰块尺寸是任一风扇叶片上单独承受的最大尺寸,是保守的。撞击位置在距离叶尖 1/3 叶片直径处。

冰块的相对动能应根据飞行条件评估确定,飞行条件控制着发动机转速和飞行速度之间的相互关系。冰块击中风扇叶片时的动能是冰块速度的函数,如果没有试验数据的支持,可保守地假设冰块击中风扇叶片时已加速至与气流速度大小一致,即冰块获得最大的动能。由于冰块相对于风扇叶片的进入方向可能因为加速(从进气道处)而改变,因此,申请人进行分析时应当对几个不同方向都进行分析。

分析结果应当证明所有由于冰块吸入产生的叶片应力均小于鸟撞产生的叶片应力。

7.6 关键点分析

在进行第 9 章中相关发动机地面试验和发动机吸冰试验时,为了将潜在的数百个试验点减少到为数不多的合适的试验点,FAA 在四十多年前专门通过发动机整机试验验证了 AC 20 - 147 给出的标准试验点(见表 7 - 3),并通过关键点分析(CPA)校核。CPA 是一种利用发动机试验数据展示发动机满足 33 部适航审定要求的分析方法。这一方法通过收集和分析结冰对发动机性能的影响数据,得出关键试验点。CPA 应涵盖规章 25 部附录 C 中描述的结冰条件。

表 7 - 3 发动机验证试验的结冰环境

结冰条件	1 -明冰	2 -霜冰	3 -地面冻雾[33.68(b)]
液态水含量/(g/m^3)	2(最小值)	1(最小值)	0.3(最小值)
入口温度(总温)/℉	23±2	−4±4	15～30
平均有效水滴直径/μm	22±3	15±3	20(最小值)

CPA 不是为了取代试验或减少/取代标准试验点,而是提供一种方法来预测标准表格之外的其他关键试验点。通过 CPA 分析对标准试验点的补充,局方认为可等效于覆盖所有结冰条件的充分试验的方法。换句话说,CAP 分析是申请人选择结冰条件试验点的工具,如果不做 CPA 分析,则可能需要数百个试验点才能表明相

关条款的符合性。

通常,对于每一个型号的发动机,申请人都需要进行 CPA 分析。同一个申请人所使用的 CPA 分析方法通常是相同的,但是由于每个型号发动机的设计都是独特的,因此,必须一事一议地进行分析。

CPA 应考虑的范围包括如下几方面:

(1) 结合结冰条件和飞机飞行速度范围以及发动机制造商确定的发动机功率,进行关键试验点分析。

(2) 在结冰环境中长时间的飞行(如空中等待阶段),或重复遭遇到结冰环境的情况。结合以上要素,CPA 应识别出发动机工作中最关键的结冰条件。

(3) 考虑环境条件和发动机工作条件对冰积聚过程、积冰位置以及脱冰和吸冰时最临界的发动机工作条件的影响。申请人也可以提出附录之外的结冰条件(如根据实际服役经验得到的更为严酷的结冰条件)。可以采用研发试验数据来支持 CPA 分析(如带热电偶的湿/干试验)。

(4) 冰积聚计算。计算应考虑冻结系数和冰进入进气道的气动影响。例如,吸入风扇和核心机进口的水、关键表面的水撞击率、飞机迎风空速影响、发动机构型影响(如压气机引气),以及高度影响(如涵道比的影响)。

(5) 关键发动机表面的能量平衡(如潜热和熔解热的影响、金属与冰的换热影响,以及冰的绝热影响)。

(6) 对于防冰部件的 CPA,申请人应通过所需热载荷的能量平衡计算,以及结冰条件和发动机功率的所有可能组合,以确定关键试验点。

CPA 应考虑的要素(至少)包括脱冰损伤、压气机损伤、发动机工作特性和压气机再匹配、核心机和增压级结冰堵塞和传感器故障等。

7.6.1 脱冰损伤

如果撞击在发动机表面上的脱落冰具有足够的质量和速度,则会造成发动机损伤。下列损伤类型是较为普遍的,申请人应该在 CPA 中对这些损伤类型进行逐项评估。

(1) 压气机第一级(如风扇)。风扇单元体的旋转和静止部件,或者无风扇发动机的压气机第一级都容易遭受脱落冰损伤。例如,声衬、风扇刮磨带以及风扇叶尖都容易遭受进气道传感器、帽罩和风扇叶根的脱落冰损伤。

(2) 由于发动机结冰符合性试验是在结冰试验设施中进行的,而不是在真实的飞行环境中进行,因此脱落冰的密度、硬度以及粘附强度的影响需与真实飞行环境进行对比评估。例如,在真实飞行环境下,旋转表面(如风扇叶片或者无风扇发动机的第一级压气机叶片)的脱冰循环很大程度上会受转子转速和冰与表面粘附强度的影响。冰的粘附强度通常会随着表面温度的降低而增大。脱冰时冰的厚度和转子转速决定了撞击的危害程度。目前可以得到的数据表明，非防冰旋转部件和静止部件的脱冰十分多变，难以预测。这是由粘附强度性质、当地热力学性质以及冰结构等因素的不确定性导致的。在有些情况下，由于脱冰预测的精确度还存在着许多不确定性，申请人在 CPA 中采用经验证一致的脱落趋势而不会采用绝对数值。

(3) 在确定风扇单元体损伤的关键条件时，表面温度、暴露时间、转速、大气结冰条件，以及流量系数都是重要的考虑因素。需要特别注意的是，在温度很低的连续最大结冰条件下，发动机工作在更长时间的空中保持状态功率将使得第一级压气机转子或风扇部件上的冰粘附强度达到最大。这会导致表面产生大量的积冰，进而积冰脱落后会导致发动机损伤或功率损失。

7.6.2 压气机损伤

当静止部件上的冰发生脱落时，经常会导致发动机损伤。这种类型的损伤通常发生在高压压气机的第一级叶片上(对于三转子发动机来说是中压压气机)。确定这些明冰积聚的关键条件时需要经过仔细的考虑，因其发生在局部马赫数和空气密度范围内的特定、限定的低冻结系数条件。在本 AC 规定的功率状态下(如飞行慢车、50%和 75%最大连续，或 100%最大连续)可能不会出现关键条件，因此申请人应该评估关键条件下的功率状态。最后，鉴于结冰是较为普遍的环境条件，所以申请人评估多次遭遇结冰造成的发动机压气机损伤。

7.6.3 发动机工作特性和压气机再匹配

上游部件的脱落冰可能会进入核心机。流道内的结冰或者冰融化的水可能会导致发动机部件循环发生改变。在任何结冰条件下，发动机从最小飞行慢车加速到起飞功率和地面起飞功率设定程序下，不会出现不可接受的功率损失或功率损失的不稳定。冰脱落不应导致熄火、推力下降或喘振。任何发动机异常状态都应该上报局方进行评估，如果是可接受的，则该异常状态应记录在发动机安装手册中。申请人应该考虑将发动机加减速对其工作特性的挑战(如喘振和失速)作为 CPA 的一部分。假设试验条件下允许的最小发动机引气构型使得工作裕度达到最小，CPA 试验应该验证那些预期工作裕度达到最小的条件。

7.6.4 核心机和增压级结冰堵塞

发动机内部静子叶片通常会发生明冰积聚，进而影响空气流量并导致发动机循环的再匹配，申请人在 CPA 中应予以考虑。对于能够持续飞行的发动机功率状态，申请人应该通过几个脱冰循环表明发动机对冰积聚的协调性，即结冰和脱冰不会对发动机工作特性造成不利影响。

7.6.5 传感器故障

控制系统传感器的积冰和堵塞会导致发动机压力和温度测量发生错误。关键的传感器包括进气道总压和总温传感器，以及压气机内部温度传感器。如果发动机控制系统使用错误的测量数据来调节发动机推力或功率，或控制其他发动机系统(如可调静子叶片)，那么将会导致发动机功率损失或者功率损失的不稳定。关键传感器的设计，应确保其在条款33.68及25部附录C的结冰条件下所积冰量最少，并且不会出现导致不可接受的工作特性(如功率损失)的错误测量。在传感器所处的当地结冰条件下，所有适用安装类型的安装影响都应加以说明。另外，上游传感器的积冰会脱落，进而导致下游旋转部件的损伤。对于冰晶结冰条件要求生效后申请型号合格审定的申请人，还应评估发动机进气道传感器对过冷液滴和冰晶的结冰敏感性。

7.7 相似性分析

已经完成审定的飞机，如果进行设计更改，可以考虑通过相似性分析的方法获得批准，而不用进行全面的符合性验证。在进行相似性分析时，需要考虑的因素包括发动机的引气能力、机翼和防冰腔的物理特征等。

典型的设计更改包括机身加长或缩短、发动机更换、加装小翼等。

对于机身加长或缩短的设计更改，通常机翼的外形和内部的防冰腔设计不会受到影响，但是会对发动机的推力设定进行更改以适应不同的飞机重量。在进行相似性分析时，需要确认更改后用于防冰系统的加温功率与初始审定的相当或更高。这一点对于机身加长的设计更改通常很容易说明，但是对于机身缩短的设计更改可能比较困难，特别是在某些发动机功率较小的状态点。在这种情况下，可以对部分状态点进行补充分析，如果对受影响部分进行分析的准确性在初始审定时已经利用冰风洞试验、飞行试验等手段得到验证，则可以不再补充试验。

需要注意的是在进行相似性分析时，申请人必须掌握用于相似性分析的初始审定的数据。除非获得技术转让，不能使用其他申请人的数据表明符合性。

参考文献

[1] SAE. SAE AIR 1168/4-1990(R2004)Ice, Rain, Fog, and Frost Protection [S]. 1990.

[2] 林贵平，卜雪琴，申晓斌. 飞机结冰与防冰技术[M]. 北京：北京航空航天大学出版社，2016.

[3] Susan J M Cabler. AC 20-73A Aircraft Ice Protection [S]. FAA, 2006.

[4] 陆景松. 发动机进气道前缘防冰腔性能研究[D]. 南京：南京航空航天大学，2008.

[5] 潘旭云. 某型飞机防冰系统机翼防冰腔性能研究[D]. 南京：南京航空航天大学，2006.

[6] 裘燮纲，韩凤华. 飞机防冰系统[M]. 北京：航空专业教材编审组，1985.

[7] 李焱鑫，张辰，刘洪，等. 大粒径过冷水溢流结冰的翼型气动影响分析[J]. 空气动力学学报，2014，32(3)：376-382.

[8] 林贵平，卜雪琴，申晓斌. 飞机结冰与防冰技术[M]. 北京：北京航空航天大学出版社，2016.

[9] 章梓雄,董曾南.粘性流体力学.第2版[M].北京:清华大学出版社,2011.
[10] 王梓旭.关于飞机结冰的水滴撞击特性计算与结冰相似准则研究[D].成都:中国空气动力研究与发展中心,2008.
[11] Heinrich A, Ross R, Zumwalt G, et al. Aircraft Icing Handbook. Volume 2 [M]. Civil Aviation Authority, 2000.
[12] Neel C B J, Bright L G. The Effect of Ice Formations on Propeller Performance [J]. NACA TN 2212, 1950.
[13] FAA. Report of the 12A Working Group on Determination of Critical Ice Shapes for the Certification of Aircraft [R]. ATLANTIC: FAA, 2000.
[14] FAA. Turbojet, Turboprop, and Turbofan Engine Induction System Icing and Ice Ingestion (AC 20 - 147) [S]. FAA, 2004.
[15] 中国民用航空局. CCAR - 25 - R4 运输类飞机适航标准[S]. 2011.
[16] 中国民用航空局. CCAR - 121 - R5 大型飞机公共航空运输承运人运行合格审定规则[S]. 2011.
[17] 丁金波,董威.表面粗糙度对冰冻黏强度影响试验研究[J].航空发动机,2012,38(4):42 - 46.

8 安全性分析

8.1 概述

AC 25.1309－1A“系统设计分析”和ARP4761“民用机载系统和设备安全性评估过程的指南和方法”为证明符合条款25.1309的要求提供了指导。

根据ARP4761，系统安全性分析包括FHA、PSSA、FMEA和SSA。在进行FHA分析时，应考虑故障模式（完全丧失、部分丧失、功能错误、无意操作等）、飞行阶段、故障探测和指示（未通告、有通告等）、环境和应急构型等，从而归纳出失效状态。

按照AC 25.1309，对于失效影响为“灾难性”的失效状态，其概率应小于1×10^{-9}/飞行小时，对于失效影响为“危险”的失效状态，其概率应小于1×10^{-7}/飞行小时。对于每一个失效影响等级为“危险的”和“灾难性”的失效状态，应当根据初步的系统架构通过PSSA的故障树分配相关的失效概率，作为对相关子系统或部件的需求传递下去。随着系统研制工作的进展，底层设备的功能和具体组成得到明确，通过FMEA可以获得设备失效模式、影响以及每个失效模式的失效概率。底层的概率值确定后，通过故障树可计算得出失效状态最终的发生概率。在进行故障树分析时，基本的假设是故障树的每个分支都是独立的，但是在某些条件下，这些独立性的假设可能会不成立。例如对于由两个与门分支组成的故障树，尽管其组合概率小于要求的失效概率，但是如果都使用同一个电源，并且该电源丧失会同时触发这两个分支上的事件，这时，这种独立性的假设就不成立了。在进行SSA分析时，应当对这种可能破坏故障树独立性共因故障进行分析，共因分析包括区域安全性分析、特定风险分析和共模分析。典型的特定风险分析项目有发动机转子爆破、APU转子爆破、轮胎爆破、鸟撞、高温导管破裂、持续的发动机不平衡、安保事件等。典型的共模分析包括相同的制造错误、相同的工具校验错误、相同的环境—振动、相同的环境-EMI和HIRF、相同的操作错误等。

关于结冰环境的概率，根据AC 20－73A和AC 25－28，在进行安全性定量分析时，假设遭遇25部附录C中定义的结冰条件的概率是1，遭遇25部附录O中定义的结冰条件的平均概率是 1×10^{-2}/飞行小时，并且不能基于飞行阶段来降低该概率值。

由于 PSSA 和 SSA 中的故障树分析与系统的具体设计架构和实现方法以及与其他系统之间的交联关系具有非常紧密的联系，在没有上述信息的情况下无法进行分析。而 FHA 主要与系统实现的功能相关，这些功能在不同的飞机上基本上是相同的。因此，下面几个小节仅对防冰系统主要子系统的 FHA 分析进行阐述。需要注意的是其中的失效状态是不全面的，具体应当按照 ARP4761 的指导通过结构化的方法分析获得。另外，由于功能和设计特征的不同，因此下面小节中的部分失效状态在某些飞机上可能是不存在的。例如对于使用同一个防冰活门控制两侧机翼防冰供气的飞机，就没有丧失一侧机翼防冰能力的失效状态。

8.2　结冰探测系统

结冰探测系统可分为主导式结冰探测系统和咨询式结冰探测系统。主导式结冰探测系统是用来确定何时必须启动防冰系统的唯一手段。防冰系统可由主导式结冰探测系统自动启动，或主导式结冰探测系统为驾驶舱提供一个信号，指示机组手动启动防冰系统。如果主导式结冰探测系统工作正常，那么飞行机组没有责任监视结冰条件。咨询式结冰探测系统通过在驾驶舱触发一个信号来提示飞行机组存在潜在的结冰条件。某些咨询式结冰探测系统可能还启动结冰保护系统。咨询式系统为飞行机组提供出现冰积聚或结冰条件的咨询信息，但是其只能与其他措施结合使用，来确定是否需要启动防冰系统或启动防冰系统的时机。飞行机组担负监控飞机飞行手册(AFM)中定义的结冰条件或飞机冰积聚的主要责任。由飞行员启动防冰系统仍然是一项要求。例如，即使防冰系统是由咨询式结冰探测系统自动启动的，当飞行机组观察到 AFM 中定义的结冰条件或飞机冰积聚时，他们仍然有责任将防冰系统设定为“打开”。

由于主导式结冰探测系统与咨询式结冰探测系统的功能定位不同，因此其失效影响等级也不同。AC 25.1419－2 指出，主导式结冰探测系统的未通告的故障是“灾难性”的，咨询式结冰探测器的未被探测到的故障至少是“重大”的。需要指出的是，咨询通告并不是规章的组成部分，不具有强制的法律效力，其提供了一种可接受的符合性方法，但是并不是唯一可接受的方法。在实际型号审定中，申请人可根据实际情况确定故障影响等级。例如某些申请人将咨询式结冰探测器的未被探测到的故障影响定义为“较小”的，其在 AFM 和 FCOM 中清晰定义了飞行机组判断结冰条件和启动防冰系统的主要职责。

对于通告的结冰探测功能失效，不管是主导式结冰探测系统还是咨询式结冰探测系统，都可以按照相关的手册要求通过飞行机组判断结冰条件，仅轻微增加飞行员的工作负荷，其故障影响可定义为“较小”的。

对于结冰探测误告警，飞行机组可能会根据告警信号开启防冰系统，尽管此时并不在结冰条件下飞行，因此，飞机的燃油消耗将增加，其故障影响可定义为“较小”的。

8.3 短舱防冰系统

短舱防冰系统的失效状态通常可包括通告的单侧短舱防冰功能失效、通告的两侧短舱防冰功能失效、未通告的单侧短舱防冰功能失效、未通告的两侧短舱防冰功能失效、通告的短舱防冰系统误启动、未通告的短舱防冰系统误启动等。

对于通告的单侧短舱防冰功能失效，飞行机组可脱离结冰环境并/或在后续的飞行中避开结冰环境，较大地增加了飞行机组的工作负荷，其故障影响可定义为“较大”的。

对于通告的两侧短舱防冰功能失效，可进一步分为同时失效和非同时失效两种情况。如果两侧防冰功能不是同时失效，则飞行机组同样可在一侧防冰功能失效后脱离结冰环境并/或在后续的飞行中避开结冰环境，较大地增加了飞行机组的工作负荷，其故障影响可定义为“较大”的。如果两侧防冰功能同时失效，飞行机组在脱离结冰环境的过程中可能造成两侧发动机同时结冰，根据 7.4.2 节确定逃离时间，通常情况下结冰量将超出发动机吞冰能力，最严重的情况下可能造成两侧发动机同时停车，因此，其故障影响应定义为“灾难性”的。

对于未通告的单侧短舱防冰功能失效，单侧短舱前缘结冰可能超出限制，严重时造成丧失单侧发动机推力，飞行员必须依靠一台发动机继续飞行和着陆，严重降低了飞机的安全裕度并增加了飞行机组的工作负荷，其故障影响应定义为“重大”的。

对于未通告的两侧短舱防冰功能失效，可能丧失两侧发动机推力，其故障影响应定义为“灾难性”的。

对于通告的短舱防冰系统误启动，飞行机组可手动关闭，轻微增加飞行机组的工作负荷，其故障影响是“较小”的。

对于未通告的短舱防冰系统误启动，如果是在空中，飞机的燃油消耗将增加，其故障影响可定义为“较小”的，但是在 ETOPS 运行情况下，应当分析燃油消耗的增加是否可能影响飞机的成功改航。如果是在地面，应当分析短舱前缘和相关部件的温度，如果温度超出结构限制，飞机起飞后在气动载荷的作用下可能损坏，是“危险”的。如果是在起飞阶段或者复飞阶段，那么由于防冰系统引气使得发动机推力下降，因此造成推力不足，可能是“灾难性”的。

8.4 机翼防冰系统

机翼防冰系统的失效状态通常包括通告的丧失两侧机翼防冰功能、通告的丧失单侧机翼防冰功能、未通告的丧失两侧机翼防冰功能、未通告的丧失单侧机翼防冰功能、通告的机翼防冰系统地面误启动、未通告的机翼防冰系统地面误启动、通告的机翼防冰系统空中误启动、未通告的机翼防冰系统空中误启动等。

对于通告的丧失两侧机翼防冰功能和通告的丧失单侧机翼防冰功能，飞行机组可脱离结冰环境并/或在后续的飞行中避开结冰环境，较大地增加了飞行机组的工作负荷，其故障影响可定义为“较大”的。

对于未通告的丧失两侧机翼防冰功能，由于飞机可能在防冰系统不工作的情况下持续在结冰条件下飞行，造成结冰量超出飞机的限制，飞机可能会失去控制，因此，其故障影响是“灾难性”的，除非申请人能够证明，即使防冰系统不工作，飞机也有能力在结冰条件下无限制地运行。

对于未通告的丧失单侧机翼防冰功能，这种情况下，飞机可能存在一侧机翼结冰而另一侧机翼的防护表面不结冰的情况，由于结冰的一侧机翼升力减小，因此造成飞机升力不平衡。在确定影响等级时，申请人应当评估这种升力不平衡对飞机性能和操纵特性的影响。对于不同的飞机，影响可能是不同的，较小的飞机对这种不平衡可能更敏感，甚至会使飞机失去控制，而对另一些较大的飞机，可能只会造成机动性的降低。因此，对有些飞机，该失效状态是“灾难性”的，而对另一些飞机，可能只是“重大”的。

对于通告的机翼防冰系统地面误启动和通告的机翼防冰系统空中误启动，飞行机组可手动关闭，轻微增加飞行机组的工作负荷，其故障影响是“较小”的。

对于未通告的机翼防冰系统地面误启动，应当分析机翼前缘和相关部件的温度，如果温度超出结构限制，飞机起飞后缝翼前缘结构在气动载荷的作用下可能损坏。由于缝翼是关键升力表面，缝翼损坏将严重降低飞机的起飞升力，同时额外的引气也会引起发动机推力降低，因此其影响可能是“灾难性”的。

对于未通告的机翼防冰系统空中误启动等，尽管此时并不在结冰条件下飞行，因此，飞机的燃油消耗将增加，其故障影响可定义为“较小”的。但是在 ETOPS 运行情况下，应当分析燃油消耗的增加是否可能影响飞机的成功改航。

8.5 窗户加温系统

窗户加温系统的失效状态通常包括完全丧失驾驶舱窗户的防冰和加温能力、丧失两侧风挡加温、丧失一侧风挡和窗户加温、应急电源情况下风挡非指令的加温等。

对于完全丧失驾驶舱窗户的防冰和加温能力，可能造成驾驶舱风挡上结冰，丧失两侧风挡的视界，另外，造成两侧侧窗防雾功能丧失，侧窗内侧可能会起雾。对于安装有可开侧窗的飞机，飞行员可在最后着陆阶段打开侧窗，利用侧窗视界着陆。对于侧窗不可开的飞机，需要飞行员手动抹除侧窗内侧的雾来提供侧窗视界。在确定其失效影响时，对于安装有可开侧窗的飞机，应当评估飞行机组在着陆阶段打开侧窗并仅依靠侧窗视界着陆的能力。对于侧窗不可开的飞机，需要评估飞行机组手动除雾的能力和仅依靠侧窗视界着陆的能力。通常情况下，这种评估需要通过模拟机和飞行试验确认。如果能够证明上述能力，则该失效状态可能是“重大”的。

对于丧失两侧风挡加温，其影响没有完全丧失驾驶舱窗户的防冰和加温能力更严重，但是仍然需要飞行员使用侧窗视界着陆，会较大程度地增加飞行员的工作负荷，该失效状态可能是“重大”的。

对于丧失一侧风挡和窗户加温，由于有另一侧风挡和窗户的视界可以使用，仅轻微降低飞机的安全裕度，其失效影响可定义为“较小”的。

对于应急电源情况下风挡非指令的加温，可能造成超出应急供电负荷而影响其他重要设备如飞控计算机等的工作，其失效影响可能是“灾难性”的。在某些飞机上，应急电源的负荷本身已经考虑了风挡加温的功率，则不存在这种失效状态。

参考文献

[1] FAA. System design and analysis (AC 25.1309-1A) [S]. FAA, 1988.

[2] SAE International. Guidelines and methods for conducting the safety assessment process on civil airborne systems and equipment [M]. SAE International, 1996.

[3] FAA. Aircraft ice protection (AC 20-73A) [S]. FAA, 2016.

[4] FAA. Compliance of transport category airplanes with certification requirements for flight in icing conditions (AC 25-28) [S]. FAA, 2009.

[5] FAA. Compliance with the ice protection requirements of section 25.1419(e), (f), (g), and (h)(AC 25.1419-2) [S]. FAA, 2009.

9 地 面 试 验

地面试验是对型号设计验证的主要方法之一。对于结冰条件下的型号设计验证,以演示相关飞机系统在地面结冰条件下的工作情况,验证相关分析的准确性。本章介绍了发动机地面结冰试验、发动机吸冰试验、降雪和扬雪地面试验、辅助动力装置地面试验和高温天系统超温验证试验。

9.1 发动机地面冻雾试验

9.1.1 概述

发动机地面结冰试验分为两部分,一部分是在发动机型号合格审定过程中进行的,为表明条款 33.68(b)符合性的验证试验,另一部分是在飞机型号合格审定过程中进行的,为表明条款 25.1093(b)(2)符合性的验证试验。其中条款 33.68(b)验证试验是为了验证未经安装的发动机满足条款 33.68(b)地面冻雾要求,对于安装至飞机上的发动机,其进气道防冰系统的性能应满足条款 25.1093(b)(2)地面冻雾要求。此外,如果经验证表明地面冻雾条件下需要在发动机地面运转时间歇地增加推力/功率,那么该增加推力/功率的操作程序(如每十分钟发动机推力/功率增加到 45%$N1$)为强制性程序,应写入条款 33.5 规定的发动机操作限制文件和飞机飞行手册(AFM)。

33 部试验通常在冰风洞或室外试验台架上进行,以模拟 25 部附录 C 所定义的空中结冰包线。条款 25.1093(b)的试验,可在自然结冰条件下或在模拟结冰条件下进行。模拟结冰条件可以采用喷水雾装置或在环境试验舱内。

9.1.2 试验点的选择

过冷液滴环境下的试验点应能代表 25 部附录 C 结冰包线。典型的过冷液滴试验点包括 AC 20 - 147(2004 年 2 月 2 日发布)给出的标准试验点(见表 7 - 3)和 CPA(见 7.6 节)得到的附加试验点。

申请人在选择关键结冰试验点时应考虑相关的服役经验和飞机的预期使用。

在制定结冰试验矩阵时应考虑如下因素：

按条款33.68(a)要求，发动机应能在整个发动机运行包线内、附录C结冰条件下正常工作。经验表明，结合表7－3和CPA分析的补充试验点进行验证可完整地表明条款符合性。

试验状态1和2。在1－明冰和2－霜冰结冰条件下稳定运行发动机，其中起飞功率至少5 min，75%的最大连续功率、50%的最大连续功率、飞行慢车每个功率下至少10 min，然后加速到起飞功率。如果在10 min结束时积冰仍然在生长，则需继续运转发动机直到发动机工作状态稳定（即发动机上冰积聚又脱落，或者发动机不能再继续正常运转）。结冰条件和发动机功率状态的试验点矩阵范围很宽泛，包括易形成霜冰的高海拔和易形成明冰的低海拔条件下，从慢车到起飞的发动机功率设置。1－明冰和2－霜冰结冰条件下，通常运转发动机起飞功率至少5 min，所有其他低于起飞的功率设置下运转10 min，如果没有完成自然结冰、脱落循环，需要继续运行更长时间。对于采用进气道除冰系统的发动机，由于除冰系统有未加热表面，也需要运行更长时间。

试验状态3。在3－地面冻雾结冰条件下，发动机稳定运行在地面慢车功率至少30 min，然后加速至起飞功率。由于温度范围宽泛，申请人应在试验中按CPA得出的关键温度进行验证。如果在30 min结束时积冰仍然在生长，则需继续运转发动机直到发动机工作状态稳定（即发动机上冰积聚又脱落，或者发动机不能再继续正常运转）。对于大涵道比涡扇发动机，低转速静表面冰脱落通常不太可能发生在30 min之外，因此，需要通过试验确定发动机加速脱冰的最大允许时间间隔。在飞机服役后的实际运行中，飞机很可能在地面结冰条件（恶劣天气）下停留几小时等待起飞，在此期间，发动机应能持续运行（如果需要，包括加速脱冰）。

以上所有试验状态下，发动机工作在飞行慢车及以上转速时，对于带有防冰系统的发动机，在防冰系统未开启的情况下，发动机应稳定至少2 min。对于全权限电子数字发动机控制系统（FADEC）自动进行控制的防冰系统，则不需要在试验中验证延迟2 min开启防冰系统的情况。对于依赖于结冰探测器探测结冰条件的发动机防冰系统，如果探测器故障，则很可能出现延迟开启防冰系统的情况，因此在试验中仍需要验证延迟开启防冰系统的情况，模拟飞行员认识到结冰环境的反应时间。

以上所有试验状态下，发动机应能可靠地运行，没有中断，没有不利影响，且应能连续运行、加速、减速。在慢车功率时，由于发动机吞冰、吞水而导致的发动机功率下降是可以接受的，但是其他情况下都不应有影响。

在试验结冰条件下，发动机必须稳定运行。这里的稳定包括稳定的冰积聚和稳定的发动机运行。稳定的冰积聚是指发动机部件上不再形成新的结冰，或者通过录像和/或传感器表明积聚的冰周期性地脱落。稳定的发动机运行时指发动机参数不再变化，或者通过参数变化表明已形成重复的、周期性的冰脱落。

每个结冰试验点最后都要将发动机加速至起飞功率，这里推油门杆的动作对于脱冰对发动机工作特性的影响是比较关键的。某些情况下，在加速至起飞功率之前快速减速会使得脱冰对发动机的影响更大，申请人应在试验大纲中说明对这种影响的评估。

条款 33.68(b)提出了地面冻雾试验要求。地面冻雾试验应持续至少 30 min 或直到发动机稳定运行。如果不能达到稳定运行，则需要周期性地加速发动机。如果试验中表明需要周期性地加速发动机，那么加速发动机的程序就是强制性的。

等待阶段。如果该试验作为 33 部验证试验，则只适用于发动机部件。在空中等待阶段，发动机(条款 33.68)和飞机进气系统(条款 25.1093)均应安全工作且没有时间限制。对于涡扇和涡轮螺旋桨发动机的申请人，应考虑延长暴露在结冰条件下的典型空中等待阶段的影响。表 9-1 中的试验点 1，代表了运输类飞机遭遇的典型霜冰结冰条件。表 9-1 中的试验点 2 代表了霜冰和明冰混合结冰条件，该结冰条件最初来自于欧盟的 JAR-E 结冰条款的 LWC、温度以及水滴直径。发动机和进气道应能在表 9-2 规定的条件下长时间运行。45 min 试验时间通常可以验证几个脱冰循环，可以充分表明发动机在地面冻雾条件下的符合性。

表 9-1 等待状态

测试点	空气总温/℉		液态水含量/(g/cm³)	水滴平均有效值径/μm
	涡轮风扇发动机	涡轮螺旋桨飞机	最小	
1	−4±2	6±2	0.25	15～20
2	−14±2	6±2	0.3(6 min)	15～20
			1.70(1 min)	20±3

表 9-2 进气道唇缘面积与标准冰块尺寸对应关系

发动机进气道唇缘面积/in²	厚度/in	宽度/in	长度/in
0	0.25	0	3.6
80	0.25	6	3.6
300	0.25	12	3.6
700	0.25	12	4.8
2 800	0.35	12	8.5
5 000	0.43	12	11.0
7 000	0.50	12	12.7
7 900	0.50	12	13.4

（续表）

发动机进气道唇缘面积/in^2	厚度/in	宽度/in	长度/in
9 500	0.50	12	14.6
11 300	0.50	12	15.9
13 300	0.50	12	17.1
16 500	0.5	12	18.9
20 000	0.5	12	20.0

9.1.3 自动恢复系统

自动恢复系统是备用功能，只有在25部附录C以外的结冰条件下，发动机遭遇吸冰事件后才会使用。条款33.68的目的是验证发动机在25部附录C规定的结冰条件下能够可靠运行。在条款33.68符合性试验时，不应需要使用自动恢复系统。因为所验证的结冰条件都在发动机的取证工作包线以内，并且在实际运行中发动机很有可能会遭遇到。

如果在结冰试验期间自动恢复系统激活，那么申请人应通知局方发生了激活事件。当发动机在25部附录C结冰条件下工作时，发动机会产生正常的脱冰和积冰现象，针对这种正常的脱冰和积冰现象，自动恢复系统并不是发动机持续安全运行的主要防护措施。

申请人在进行条款33.68符合性试验时，自动恢复系统可以处于开启状态，但是在整个试验过程中系统不应被激活。另外，条款33.68符合性试验也不能选择连续点火。为了确保自动恢复系统没有被激活，申请人应监控自动恢复系统激活的传感器信号。如果不能监测自动恢复系统的状态，那么申请人应关闭自动恢复系统。

9.1.4 试验设备

设备的限制和天气情况可能会对条款33.68符合性验证活动的安排有影响。发动机地面结冰试验通常需要使用国内或国际的结冰试验设备，需要提前考虑安排试验时间。试验设备应能产生满足条款33.68要求的模拟冻雾条件，需要考虑的关键内容如下：

（1）结冰试验设备的描述，包括喷雾系统的布置、喷嘴、供水系统、供气系统以及试验设备的操作。

（2）测试仪器应包括设备运行监测、冻雾模拟以及冻雾特性的确定。

（3）空气/水流量工作图。

（4）湿度。

（5）试验前结冰台架功能检查。

（6）设备试验程序。

(7) 试验数据测量的准确性和能力描述。

能够进行结冰符合性试验的国际试验设备包括如下：福罗里达美国空军(USAF)麦金利气候实验室；田纳西阿诺德工程发展中心(AEDC)；加拿大渥太华国家研究委员会，全球航空航天结冰和环境研究中心(GLACIER)；温尼伯GE航空发动机试验、研究和发展中中心(TRDC)；法国国防发展采购局(DGA)航空发动机试验设备。

我国某型支线客机在适航取证过程中也研制了相关的地面结冰试验装置，用于进行地面冻雾试验以表明条款25.1093(b)(2)的符合性。试验所采用的地面结冰气象条件模拟设备包括控制和显示台、纯水供给回路、空气供给回路、喷雾装置、风洞和升降调节结构。该设备尺寸为9.4 m×3.2 m(包含风洞和喷雾装置)，风洞最大流量为140 kg/s，可模拟2.5 m×2.5 m区域的结冰气象条件。

为了模拟结冰气象条件中所需的过冷液态水滴，地面结冰气象条件模拟设备使用纯水，其形成的水雾在低于0℃的环境中，以过冷水滴的形态存在。当空气中水汽温度低于0℃时，漂浮在空气中撞到某一凝结核时，便会形成冰、霜、雪或冻雨。

纯水供给回路由纯水纸杯设备、水箱、泵、流量计、压力传感器、加温装置等组成。回路供水压力和流量可调，通过泵可将纯水加压至最大300 kPa，并通过阀门调节供水流量最大至19.5 kg。

供气回路包括空气压缩机、储气罐、阀门和压力传感器、加温装置等。空气压缩机可将空气加压至600 kPa且压力可调，供气流量通过回路阀门确定。

喷雾装置使用Spray公司生产的气、液两相喷嘴，喷嘴处高压气、水混合时，产生一定尺寸范围的雾滴。喷雾装置含121个喷嘴，均匀分布在2.5 m×2.5 m的区域，形成一个喷雾矩阵。该喷雾矩阵安装在风洞出口处。与喷嘴相连接的供水、供气管路通过翼型盒包裹，以降低对风洞气流的扰动和影响。

风洞用于确保喷雾装置产生的水滴传送至试验区域，在环境温度低于0℃时，水滴在传输过程中过冷，形成试验所需的过冷水滴。

地面结冰气象条件模拟设备的控制通过控制台和显示台实现。控制台内置软件收集到传感器反馈信号，通过逻辑处理，进行自动调节，并将主要参数实施显示在屏幕上。对于设备模拟的LWC和MVD测量则由Droplet Measurement Technologies公司的雾滴谱仪实现。雾滴谱仪主要由激光测量设备、抽风泵和数据处理计算机组成。MVD的测量范围为2～50 μm，精度为1 μm，LWC测量范围为0～3 g/m^3，精度为0.01 g/m^3。

9.2 发动机吸冰试验

9.2.1 概述

发动机进气系统部件和机身部件如果有冰积聚，当冰块发生脱落时，就会有被发动机吸入的危险。如果撞击在发动机上的脱落冰有足够的质量和速度,则可能会导致发动机损伤。

发动机制造商应与安装方紧密协调以确定冰片的尺寸和密度。确保在条款33.77验证中考虑了可能被发动机吸入的飞机机体脱落冰的结冰位置。应考虑的机体结冰位置包括尾吊发动机飞机的机翼内侧部分、雷达罩和天线。吸冰试验是在条款33.77下验证的,但同时也应表明对条款25.1091(e)和条款25.1093的符合性。

如果飞机制造商负责进气系统设计或外包给发动机供应商之外的其他短舱系统供应商,那么飞机制造商应根据条款25.1093评估进气道唇口的结冰,通常应包括进气道后流冰和延迟2 min启动发动机防冰系统而积聚的冰。如果在发动机取证时尚未确定所安装的飞机或进气道,那么发动机制造商应在发动机安装手册中提供所有相关的进气道结冰假设、试验数据与试验结果。

可以通过发动机吸冰试验,或者通过经等效软体试验验证的分析模型来表明符合性。

9.2.2　发动机吸冰试验方法

发动机吸冰试验中,冰块运动轨迹应对准发动机的关键位置。申请人选择撞击位置时,应基于预期安装在发动机上的进气系统的结冰和脱冰特性,选择最关键的撞击位置进行试验。对于缺少安装信息的情况,AC 20-147给出的建议是根据服役中典型安装的情况选择试验状态,申请人需要评估确定既满足33部也满足25部的冰块大小、厚度、密度。因为33部关注的是连续最大结冰条件,而25部关注的是整个附录C的结冰条件,且25部还要考虑可能形成结冰并脱落至发动机的机体结冰位置。如果冰块大小、厚度、密度合适,则条款33.77的试验结果可以用于飞机制造商表明自然结冰飞行试验相关条款的符合性。在已取证的一些项目中,通常申请人确定的冰块厚度约为0.5 in,也有少数申请人确定的冰块厚度为0.33 in。该厚度的冰块可充分表明25部潜在机体冰脱落威胁的符合性。经验表明冰块撞击发动机表面的方法以及冰块撞击发动机时的姿态(如冰块的薄边还是冰块的面)对试验结果有很大影响。

AC 20-147A给出了更为明确的标准冰块的试验方法,吸冰试验时,完整的冰块应对准进入风扇前方自由流、进气道的外径,以模拟进气道脱落的冰撞向风扇外径处的情况。

冰块撞击风扇的分析必须合理考虑关键控制参数:

(1) 前缘弦线法向的相对动能。

(2) 入射角——相对冰块速度和叶片速度。

(3) 冰块尺寸。

(4) 冰块姿态。

任何预测的推力损失或者叶片损伤(扭曲、裂纹、撕裂)都必须依据 AC 的标准进行评估。图 9-1 和图 9-2 是上述参数对叶片损伤的影响。

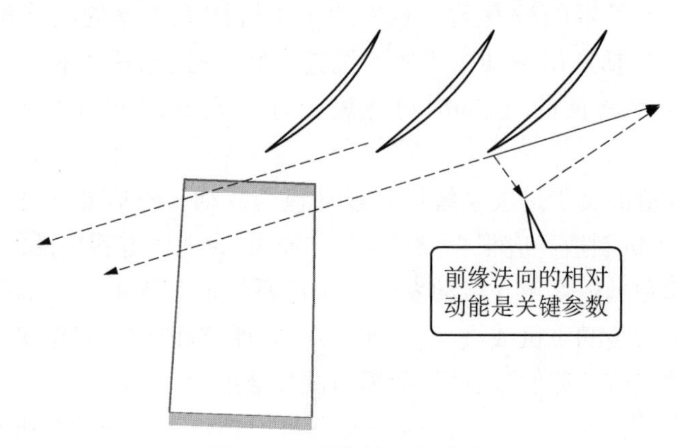

图 9-1 冰块的法向动能

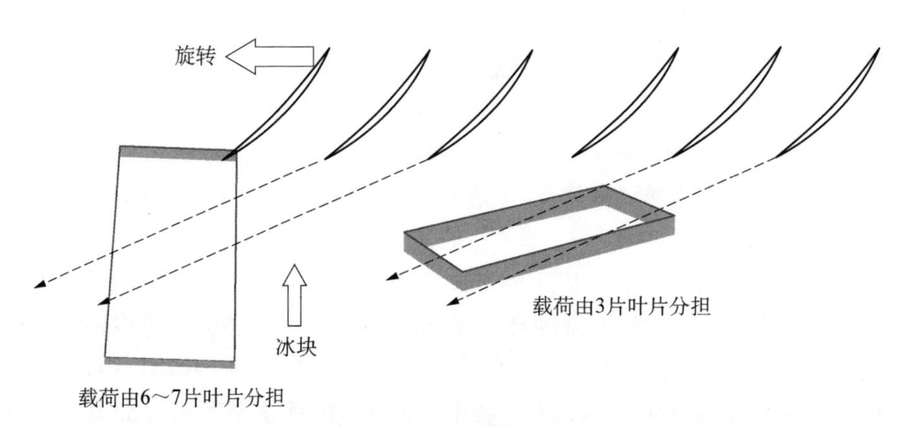

图 9-2 冰块姿态的影响

风扇平面处冰块可击中的风扇叶片数量取决于冰块的姿态。

应根据飞行条件(发动机转速和冰块吸入速度)评估确定冰块相对动能。预计的冰块吸入速度可以通过以前的整机吸冰试验结果进行确定。申请人进行分析时,应采用最关键的冰块姿态,除非申请人能够表明,针对吸冰试验的目的,其他冰块姿态更为保守。

通常情况下,冰块在被吸入的过程中会发生破碎。申请人在分析时,应采用最大的碎片,该碎片尺寸应根据保守的风扇前方来流冰块破碎评估来确定。图 9-3 给出了最大碎片尺寸的试验数据。通常最大的碎片是原冰块尺寸的 1/3～1/2。申请人在通过分析表明符合性时,使用的碎片尺寸应是原冰块长度的 1/2,除非申请人有证据显示该碎片长度相对于吸冰试验还不够保守。

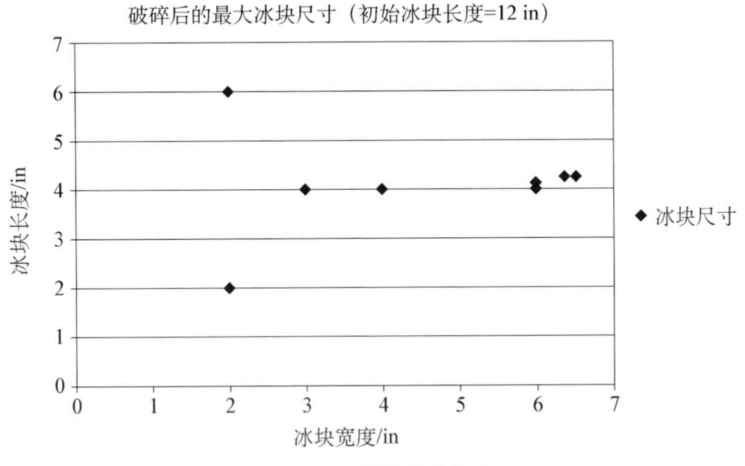

图 9-3 冰块破碎经验

9.2.3 经等效软体试验验证的分析方法

近些年来，实际上大部分发动机制造商是通过分析的方法来表明条款 33.77 吸冰符合性。该分析方法中采用的模型经过等效软体试验（吸鸟）进行验证。

AC 20-147A 给出了经等效软体耐受试验验证的分析方法的具体指导。

如果申请人选用这种符合性方法，应按照条款 33.77 的要求，根据发动机的进气道唇缘面积选择最小冰块尺寸（见表 9-2）。我们知道在某些情况下，替代的软体损伤试验所用的软体尺寸大于根据进气道面积确定的标准冰块尺寸。但是，目前还不允许采用这种经大于标准冰块尺寸验证的分析方法进行符合性验证。

经验证的分析的要素。这种分析模型可以单独使用，也可以结合中鸟或者其他软体吸入试验的结果。经验证的分析必须包含足够的要素以表明符合性。这些要素包括如下几方面。

(1) 基于最新技术，如有限元分析的风扇叶片（涡轮风扇发动机）或者第一级压气机叶片（涡轮喷气发动机）的建模。

(2) 叶片屈服或者失效（或者两者都有）的材料属性。

(3) 动态的和时间变化能力。

(4) 推力或功率变化预测（如果需要考虑叶片或者其他零部件的损伤时）。

(5) 适当的整机或者部件试验，或者两者结合。撞击第一级叶片距离叶尖 1/3 叶展处。对于涡轮风扇发动机，风扇是第一级叶片。

9.2.4 符合性判定准则

条款 33.77(c)要求，在条款 33.77(e)的条件下，发动机吸冰不会引起持续的功率或推力损失，或者要求发动机停车。

(1) 持续功率损失。申请人应该评估第一级叶片弯曲或损伤对潜在持续发动机功率损失的影响。由冰块造成叶片损伤引起的功率损失应小于1.5%。由于软体叶片损伤中中鸟吸入的情况较为普遍，申请人也可以利用中鸟试验结果来表明对该条款的符合性。如果中鸟吸入试验结果显示其永久功率损失小于1.5%，并且在距叶尖1/3的叶展区域内，叶片没有发生裂纹、撕裂或者部分丢失，则认为满足了条款33.77的要求。

① 如果在中鸟试验中发动机功率损失超过了1.5%，则发动机制造商必须提供经验证的分析来表明分析结果与中鸟试验结果的一致性。制造商还必须验证标准冰块吸入导致的功率损失小于1.5%。

② 申请人必须通过试验验证在100个飞行循环内，叶片的任何裂纹、撕裂以及部分丢失不会导致"不可接受的持续功率或推力损失"。这是为了保证固定翼飞机A检或周期到来之前，发动机能够继续使用。值得注意的是，本试验导致的任何损伤都必须记录在发动机安装手册中。

(2) 发动机工作特性。发动机损伤不应导致喘振、熄火，或者对瞬态工作有影响。

(3) 服役能力。发动机在保守的飞机运行场景下，其损伤不应产生妨碍持续安全运行的失效或者性能损失。例如，发动机应在A检或者更长的时间周期内能够安全工作(如果通过适当的试验验证了发动机的持续服役周期)。如果发动机损伤对于机组来说并不容易发现，或者在飞行前检查时不可见(如在尾吊安装的发动机处)，那么演示的发动机持续服役周期可能会随其安装方式的不同而变化。

(4) 其他异常情况。发动机损伤不应产生可能导致其超出工作限制或结构限制的任何其他异常情况(如振动)。

(5) 自动恢复系统。在吸冰试验过程中，如果发动机发生瞬时熄火和自动再点火现象，则自动再点火系统必须是发动机型号设计的一部分，该试验才可被接受。另外，点火系统全部可工作也应作为派遣准则，其原因是为了保证点火系统的关键再点火功能在飞行期间是可用的。在条款33.77试验验证期间，允许使用自动恢复系统来证明由于非故意延迟开启防冰系统导致结冰和脱冰的情况。这种延迟是一种异常工作状态，其导致对工作特性的影响，如瞬时熄火和再点火，是可以接受的。

条款33.5要求的安装和使用说明文件中应提供相关信息，包括吸入冰块的大小、厚度和密度；任何异常状态(如高度振动)以及对发动机功率保持能力(即工作在设定或者额定功率的能力)的影响。除了将这些信息写进安装手册外，申请人还应向飞机制造商提供试验结果。

条款33.77符合性验证报告中应包括冰块姿态和轨迹、冰块破碎、撞击位置、损伤情况的描述，以及吸冰后发动机能力或响应的其他相关数据。另外，如果在条款

33.77 符合性验证中需要使用自动恢复系统，则自动恢复系统的功能状态(如其中一个点火器不工作)将成为一个限制条件写入发动机安装手册中。

9.3 降雪和扬雪试验

飞机的实际运行中，不可避免地会遇到降雪天气。通常当降雪导致的能见度等于或小于 0.25 mi(大约 0.9 g/m^3 的含雪量)时，机场仍然会继续运营。

条款 25.1093(b)(1)(ii)要求发动机在降雪和扬雪条件下，在整个功率范围内可正常工作。飞机在地面和空中运行都可能会遇到降雪，没有证据表明降雪会对传统的“皮托管式”进气道的涡轮发动机或涡扇发动机的空中运行造成不利影响。但是，服役经验表明降雪或混合相结冰条件会导致空中一些涡轮发动机或辅助动力装置(APU)功率损失，这些涡轮发动机和 APU 的进气道通常设计有进气增压腔、进气滤网、颗粒分离器、几何可变结构、滑油散热器、支板或整流罩。

涡扇发动机的进气道通常设计有防冰保护，且为传统的“皮托管式”几何形状。对于涡扇发动机，结冰比降雪条件影响更大，因此，通过表明结冰条件下(25 部附录 C)的符合性可替代对降雪条件的验证。

大多数涡轮螺旋桨发动机进气道和辅助动力装置(APU)的进气道设计有进气增压腔、进气滤网、颗粒分离器、几何可变结构、滑油散热器、支板或整流罩。这样的进气道设计有潜在积雪的条件，服役经验表明长时间降雪期间发动机地面运行，压气机可能会由于吸入积雪导致损伤，或者引起发动机或 APU 输出功率损失。因此，需要进行地面降雪和扬雪试验或分析，表明地面条件下降雪和扬雪的符合性。

对于进气道为非“皮托管式”的发动机，应通过试验或分析来表明地面条件降雪和扬雪的符合性。试验条件如下所示。

(1) 能见度：因下雪导致的能见度不能低于 400 m(0.25 mi)。如果低于 400 m，只能是由于降雪影响(如不能有雾)。该状态下液态水含量约为 1 g/m^3。

(2) 温度：湿雪(粘雪)情况下为−3～2℃；干雪情况下为−9～−2℃(除非其他温度更为临界，如干雪在更低温度时遇到热表面会形成回流冰)。

(3) 扬雪状态：飞机以 15～25 kn 的速度滑行来模拟扬雪状态，或者使用另一架飞机在试验飞机的动力装置前方吹雪。试验条件应约为 3 g/m^3。

在试验或分析时，应考虑到地面所有工作状态，包括长时间慢车、滑行和其他地面机动时的瞬态功率变化。如果进气系统内部发生积雪，需要将发动机推到最大推力以模拟起飞。应表明积雪或泥浆的脱落不会对发动机产生危害。最后，需要有充分的方法识别出存在任何危害性积雪的位置。

降雪率与能见度的对应关系并不是很明确，在试验期间内也不一定能够始终遇到合适的降雪，对于试验条件的严酷程度，可能需要合理的工程判断。申请人需要提前预见这样的问题，并尽早与局方进行沟通。

在FAA新发布的AC 20－147A中，针对降雪率与能见度进行了讨论。

中雪的最大降水率等效于大约30 min多的2.5 mm/h的降雨量。基于0.8 m/s的典型下降速度计算，转换得到的含雪/冰量为0.9 g/m^3。从加拿大民航局338 000 min的降雪数据来看，95%和99%的值分别为2 mm/h和4 mm/h，说明2.5 mm/h的阈值是中雪降雪率的一个极限值。除冰液持续效应(保持)时间表也只针对中雪，其中雪极限值定义为2.5 mm/h(或者0.25 mi能见度)。

但是，关键的积雪温度范围为25～32℉(－4～0℃)，降雪环境使得发动机低功率状态下风扇下游前几级压气机容易积冰。降雪条件下的发动机试验应能够代表在风扇下游核心机进口和前几级积冰的发动机状态。

9.4 辅助动力装置地面试验

辅助动力装置(APU)一般分为飞行中必要和飞行中非必要的APU。飞行中必要的APU是用来提供必需的引气和(或)电功率来维持飞机安全运行。飞行中非必要的APU将提供空气和(或)电功率作为一种便利，它的关闭不会危害飞机安全运行。

如果运输类飞机安装非必要的APU，且该APU在结冰条件下被限制使用，则申请人可以不表明对条款25.1093(b)的符合性。但是，如果非必要的APU没有在结冰条件下的使用限制，则申请人必须表明对条款25.1093(b)的符合性，即验证在25部附录C结冰条件以及降雪和扬雪条件下，APU的工作(地面和空中)不会影响飞机的安全运行。如果运输类飞机安装必要的APU，申请人也必须表明对条款25.1093(b)的符合性。对于条款25.1093(b)的符合性方法，与涡轮发动机的验证方法相同。

9.5 高温天系统超温验证

对于热气防冰或者电热防冰系统，尽管在设计中主要考虑的是如何提供足够的热量来防止或除掉冰积聚，但是另外也需要验证防护表面是否会超出保证结构完整性所能承受的最高温度。特别是对于允许在地面条件下开启的结冰防护系统，如发动机进气口和螺旋桨等。

对于热气结冰防护系统，由于供气温度会随发动机功率变化而变化，试验应当在不同的发动机功率条件下进行，从慢车直至最大起飞功率。对于电热结冰防护系统，在加温功率一定的情况下，主要应当考虑慢车功率，因为这时发动机进气流量或螺旋桨转速较低，与外界的对流换热量较小。

由于天气条件的限制，试验可能无法在飞机地面运行包线范围内的最高温度环境下进行，这时可以在经试验验证的分析方法基础上对这部分数据进行外推。为了尽可能保证数据的准确性，减少外推的量，通常至少需要在100℉的条件下进行试验。

另外，供气活门的最大供气量在公差范围内也存在一定的差异，试验前应当确定试验件的供气流量参数，如果不满足最大正公差，也应当进行补充分析。

参考文献

[1] 白斌，徐佳佳，李志茂. 一种地面结冰气象条件模拟设备研究. 第三届全国飞行棋结冰学术会论文集[C]. 成都：[出版者不详]，2018.

[2] FAA. Turbojet, Turboprop, and Turbofan Engine Induction System Icing and Ice Ingestion (AC 20－147) [S]. FAA, 2004.

[3] FAA. Turbojet, Turboprop, and Turbofan Engine Induction System Icing and Ice Ingestion (AC 20－147A) [S]. FAA, 2014.

[4] 中国民用航空局. CCAR－25－R4 运输类飞机适航标准[S]. 2011.

[5] 中国民用航空局. CCAR－33－R2 航空发动机适航规定[S]. 2011.

[6] EASA. CS－25 Amendment 17, Certification Specifications and Acceptable Means of Compliance for Large Aeroplanes [S]. EASA, 2016.

[7] FAA. Regulations F A. Part 25-Airworthiness standards: Transport category airplanes [S]. FAA, 1970.

10 冰风洞试验

10.1 国内外主要风洞的介绍

10.1.1 空气动力研究与发展中心冰风洞

位于我国四川省空气动力研究与发展中心的 3 m×2 m 结冰风洞(FL－16)是一座闭口、高亚声速、回流式风洞,该风洞具有三个可更换试验段,是目前世界上试验段尺寸最大的结冰风洞之一。该风洞于 2013 年建成并投入使用,主要用于飞行器结冰试验和防/除冰系统验证试验,也可进行高空低雷诺数试验。

三个可更换试验段尺寸分别为如下：主试验段长 6.5 m、宽 3 m、高 2 m,风速范围为 21～210 m/s;次试验段长 9 m、宽 4.8 m、高 3.2 m,风速范围为 8～78 m/s;高速试验段长 4.5 m、宽 2 m、高 1.5 m,风速范围为 26～256 m/s。该冰风洞的最低温度可控制为－40℃,模拟高度为 0～20 000 m,平均水滴直径范围为 10～300 μm,液态水含量可控制为 0.2～3 g/m^3,湿度为 70%～100%。

10.1.2 武汉航空仪表有限责任公司冰风洞

武汉航空仪表有限责任公司是我国最早具备冰风洞试验能力的单位,目前有三座冰风洞和一个低温结冰气候实验室。

YBF－02 冰风洞于 1999 年投入使用,主要供航空气动仪表的除冰、防冰或者缩比模型的试验研究。YBF－02 冰风洞为闭路式冰风洞。动力系统采用了大功率的变频调速技术;喷雾系统采用可调式喷雾架,保证了喷雾粒子在风洞稳定段中能够与低温气流充分进行换热,从而在试验测试段得到所需温度的过冷水滴;通过采用水雾回收技术确保了试验段水雾数据稳定。YBF－02 冰风洞用的净化气源和水源系统保证了喷雾的质量,并且保持过冷水滴不致过早形成冰晶;在测试方面,YBF－02 冰风洞采用 PDA 激光粒径测量装置,确保准确测量试验中水滴雾化直径的分布。目前 YBF－02 冰风洞的主要性能数据指标如下：最大速度为 200 m/s,试验段最低温度为－25℃,喷雾液态水含量为 0.5～3 g/m^3,试验段尺寸为 180 mm×280 mm。

YBF－04 仪表冰风洞是可模拟高度(0～7 000 m)的亚声速仪表冰风洞,该风洞为闭式回流风洞，可对航空仪表以及一些飞机部件进行结冰试验。试验段尺寸为250 mm×350 mm，气流速度范围为20～200 m/s，最低温度可控制为(−30±5)℃，液态水含量为0.2～3 g/m³，云层粒子直径为10～40 μm。

另一座正在进行设计的YBF-05小型冰风洞与YBF-04一样是闭式回流风洞，主要的试验对象为大尺寸的气动传感器、防冰组件、结冰探测系统和机翼模型等。试验段尺寸为600 mm×800 mm，气流速度为20～150 m/s，气流温度和液态水含量均与YBF-04冰风洞相同，其云层粒子直径为10～50 μm。

BQS-1结冰气候室是一座大型低温结冰气候实验室，采用的是单回路立式闭口低速风洞。主要是小型的模型和部件的结冰试验以及低温环境下的传热和温升特性试验。试验段的有效尺寸为17 m×12 m×7 m，最低温度可达到−30℃，最大气流速度可达10 m/s，液态水含量和云层粒子直径与YBF-04相同。

10.1.3 中航工业空气动力研究院冰风洞

中航工业空气动力研究院FL-61风洞主要用于研究目的，也可用于仪表等小型部件的验证试验。

该冰风洞的主要参数如表10-1所示。

表10-1 FL-61冰风洞主要参数

试验段尺寸	2.7 m(长)×0.6 m(宽)×0.6 m(高)
液态水含量	0.1～3 g/m³
水滴MVD	15～50 μm、100～200 μm
云雾均匀性	±20%
试验段风速	V=0～240 m/s，控制精度：±2%
试验段温度	−40～5℃； 控制精度：−30～5℃，精度±0.5℃；−40～−30℃，精度±2℃； 调温速率1℃/min
高度	最大高度：7 000 m，控制精度：±50 m，控制速率：150 m/min、200 m/min
持续试验时间	连续喷雾至少60 min

10.1.4 Cox冰风洞

Cox & Company Inc.设计Cox结冰风洞的目的主要是支持Cox自己的发展，该风洞是一个闭环冷却风洞，能够模拟在FAA和EASA所规定的过冷水滴结冰情况和模拟冰晶颗粒结冰。

该冰风洞有三个试验段，其中初始试验段(No.1)尺寸为长2.0 m、宽0.71 m、高1.17 m，最大空气速度可达100 m/s，在试验过程中可以变化气流攻角，且有三个加热窗口可以对试验件进行观察和拍照。还有一个高速试验段(嵌入在No.1中),长宽高分别为2.0 m、0.71 m、0.61 m,该试验段可用于尺寸较小但要求速度较高的模型进行试验,最大空气速度可达116 m/s,其有两个加热窗口可以对试验件进行观察和拍照。风洞的第二试验段(No.2)长宽高分别为1.52 m、1.22 m、1.22 m,最大空速可达56 m/s,与初始试验段相同具有三个加热窗口可对试验件进行观察。

该冰风洞装有六个水平喷杆,可产生最大液态水含量为3.0 g/m^3,液滴的MVD为13~50 μm。该风洞还配有一个辅助气流系统,可以模拟发动机进气流动,气流可达6.8 kg/s。风洞中还装有削冰器和一个雪枪,用来模拟飞行中混合相和结冰云情况。

10.1.5 NASA冰风洞

美国NASA Glenn结冰研究风洞(IRT),建于第二次世界大战之后。该冰风洞主要用于结冰物理特性的研究、冰形的预测和防冰系统的适航审定等,并可以模拟在CFR 25部附录C中的结冰气象条件。该冰风洞不仅可用于飞机模型的试验,还可以进行全尺寸飞机部件的试验,从而大大缩短了适航审定的时间周期。

该冰风洞是一座闭路式回流固定试验段风洞,冰风洞的试验段尺寸为长20 ft、高6 ft、宽9 ft,试验段气流速度为50~350 kn,总温为−40~5℃;液态水含量范围在0.2~3.0 g/m^3,液滴MVD为15~50 μm。均匀冰云尺寸为4.5 ft×6 ft,云层均匀性为±10%。另外该冰风洞还可以模拟发动机流动,流量为0.1~85 lb/s。

该冰风洞的压力测量仪器包括224通道的数字扫描压力系统和单独的压力传感器。温度测量包括96通道的热电偶系统(K、J、T或者E类型)和68通道的热电阻温度测量系统(RTD)。

10.1.6 意大利航天研究中心冰风洞

意大利航天研究中心(CIRA)冰风洞位于加普亚(意大利那不勒斯北部大约50 km),其结冰试验设备可产生一个较大范围的结冰包线,且有较好的气流特性。该冰风洞是一个闭环风洞,为了更好地满足客户对速度、模型尺寸、云层范围和均匀性的要求,CIRA冰风洞配有四个不同的试验段,包括三个可替换试验段和一个开放喷嘴。

表10-2展示了该冰风洞三个试验段和开放式喷嘴的相关尺寸和参数。

表10-2 CIRA冰风洞相关参数

	主试验段	第二试验段	辅助试验段	开放段
高度/m	2.35	2.35	2.35	2.35
宽度/m	2.25	1.15	3.60	2.25

(续表)

	主试验段	第二试验段	辅助试验段	开放段
长度/m	7.00	5.00	8.30	7.00
马赫数	0.4	0.7	0.24	<0.4
温度/℃	−32	−40	−32	−32

开放喷嘴试验段足够大,可容纳安装机身部件如翼型截面、尾部截面等。在主试验段马赫数可达0.4,温度可达−32℃,在第二试验段和附加试验段马赫数分别可达到0.7和0.25,温度分别可达到−40℃和−32℃。另外,可以模拟海拔高达7 000 m(21 000 ft)对冰积累的影响,还可以将湿度控制到70%RH,生成水滴尺寸为5～300 μm的统一云层。该风洞加压系统可以将压力控制为39 000 Pa(绝压)(7 000 m海拔)至145 000 Pa(绝压)。该设备可以完成流率为1.5～55 kg/s的发动机流动模拟测试和直径为1 m的典型单独短舱试验。

10.1.7 B.F.古德里奇公司冰风洞

B.F.古德里奇公司为罗丝蒙特航宇公司的母公司,1985年起在俄亥俄州的联合镇建造冰风洞,1986年完成设计,1987—1988年建造,1988年校准并投入试运转,1989年正式投入使用。冰风洞的试验对象主要是积冰探测系统、各种电热系统以及机翼、尾翼、发动机入口处等的加热破冰系统。

该冰风洞是一个闭路式风洞,有70 ft(21.34 m)长,40 ft(12.19 m)宽,可用模拟CFR 25部附录C中结冰包线内的气象条件。该风洞有一个22 in×44 in(0.558 8 m×1.117 6 m)的试验段,该试验段速度可达到26 kn(13.38 m/s)(空转)至200 kn(102.89 m/s),该速度取决于试验段的阻塞比。为了保证云雾的均匀性,采用7个喷杆间隔14 in排列。

10.1.8 波音公司冰风洞

波音公司在进行B777审定项目时在西雅图建设了该冰风洞,用于对波音产品的气动试验件进行冰形和防冰性能测试。该风洞的建成,大大缩短了适航结冰审定的周期和降低试验成本。

冰风洞试验段的尺寸为4 ft×6 ft,试验件安装在试验段的侧壁上。其可产生最高290 mi/h的气流速度,能够产生的最小均匀云层尺寸为3 ft×4 ft,液滴尺寸中值(median droplet size)为15～40 μm,液态水含量(LWC)为0.25～2.5 g/m^3。该冰风洞的温度范围为−25～50℉,均匀温度分布精度为±1.0℉。试验段的湍流强度小于0.5%。

10.1.9 加拿大冰风洞

在加拿大首都渥太华,建有一个3 m×6 m的冰风洞,可容纳全尺寸试验件进行全速的冷气流试验,该冰风洞同样适用于较大尺寸的阻流体气动研究。该冰风洞为开式结构,因此在冬季可进行自然结冰试验。另外该冰风洞不仅可以模拟较其他冰风洞可提供水滴尺寸大的水滴试验,还可以模拟较小的水滴。该冰风洞连有压缩机,可模拟射流或者带动涡轮动力叶片,或模拟吸气特性,在 700 kPa 时可提供 14.5 kg/s 的压缩空气。

该冰风洞有两个试验段,一个标准试验段,其尺寸为长 12.2 m、宽 3.1 m、高 6.1 m。由电带动时最大速度可达 32 m/s,由燃气轮机带动时速度可达 50 m/s。另一个试验段尺寸较标准试验段小,其尺寸为长 6.4 m、宽 3.1 m、高 4.9 m。在由电或燃气轮机带动的情况下,最大速度分别为 44 m/s 和 65 m/s。速度的空间均匀性变化小于±0.5%,湍流强度小于 0.75%。由于该冰风洞是开式的,其空气温度取决于外界气候条件(典型的结冰条件在 12 月到 3 月之间)。

在渥太华的另一个高度可调的结冰风洞可进行结冰审定和相关研究的试验。该冰风洞的试验段尺寸较小,但可产生较高的气流速度,并可以模拟 40 000 ft 高度的飞行。且该冰风洞的试验结果受到加拿大运输部、美国 FAA 和欧洲航空安全局的认可。

该高度可调的结冰风洞同样具有两个试验段,其中标准试验段尺寸为长 183 cm、宽57 cm、高 57 cm,其气流速度可达 5~100 m/s。另一个较小工作段尺寸为长 60 cm、宽 52 cm、高 33 cm,其气流速度为 8~180 m/s。速度的分布均匀性变化小于±1%。最大速度下空气静温为−40~30℃,且空间均匀性变化小于 0.5℃。湍流强度小于 0.9%。在最大速度下,其可产生的液态水含量为 0.1~2.5 g/m^3,液滴的 MVD 为 8~200 μm。对于压力测量使用的是多通道高速压力扫描系统和多个单独压力传感器,并采用多个热电偶和电阻式温度检测器对温度进行测量。

10.2 冰风洞的标定及校准

SAE ARP5905 报告为制造商提供了一份关于冰风洞校准的准则和流程文件,当冰风洞满足文件中的准则时,则可以认为审定试验使用的冰风洞具备模拟结冰条件的能力。另外,在提供冰风洞试验结果用于适航审定时,制造商需要提供相应的报告证明冰风洞设施的校准和相关数据与 SAE ARP5905 报告中的准则相符合。当然,冰风洞的模拟范围应该包括适航审定中所要求的结冰范围。

10.2.1 设施校准

在进行适航审定的冰风洞试验时,设施应处于校准状态。针对不同的设施,应该进行以下三种校准:基线校准、中间校准和检查校准。

1) 基线校准

基线校准,即是对设施的全面校准,包括下一部分将要讨论的气动-热力学校准和冰云校准。一般在初次运行或气动外形的更改或产生冰云的关键设施更换,都需要进行基线校准。基线校准的最小时间间隔为5年。

2）中间校准

中间校准通常在基线校准之后的2年内，每年进行一次中间校准。在进行中间校准时需要确认结冰云层的均匀性在基线校准后没有发生变化。还需要对冰风洞中心线处的LWC进行测量。另外，中间校准时还应在冰风洞工作温度和速度范围内，对总温、总压以及静压进行测量。同时，在对MVD进行校准确认时，应使用基线校准的样本点。

如果在进行中间校准时发现冰风洞性能与基线校准时的性能差距大于表10-3所示的值时，应对相关的问题进行修正并重新进行中间校准。若差值仍然超出表中所示范围，则需在系统运行稳定后重新建立新的基线。

表10-3 中间校准各参数差值范围

	测量仪器最大不确定性	冰风洞中线瞬时稳定性	空间均匀性	限制值
		气动参数		
空速	±1%	±2%	±2%	N/A***
静温低于-30℃	±2℃	±2℃	±2℃	N/A
静温在-30～+5℃	±0.5℃	±0.5℃	±1℃	N/A
气流角	±0.25	N/A	±2	±3
		气流湍流度		
P_a·关*	±0.25%	±2%	<2%	2%
P_a·开**	±0.25%	±2%	<2%	5%
压力高度	±50 m	±50 m	N/A	N/A
		云层均匀性参数		
液态水含量	±10%	±20%	±20%	N/A
体积中径	±10%	±10%	N/A	N/A
相对湿度	±3%	N/A	N/A	N/A

* P_a·关是指喷嘴雾化空气不流动；** P_a·开是指喷嘴雾化空气处于喷射状态；*** N/A代表不适用

3）检查校准

检查校准的周期一般为6个月，其内容一般包括测量冰云均匀性、测量中心线LWC、基于基线校准的均匀性和LWC测量。如果通过检查校准发现风洞性能与基线校准确定值的差值超过了上表中所示范围，应对相关问题进行修正并重新进行中间校准。若差值依然超出可接受范围，应在确定系统稳定后重新建立基线。

10.2.2 校准内容

结冰试验应该在经过设备和仪器校准的冰风洞中进行。冰风洞设施需要在规定的时间间隔进行气动-热力学和冰云校准。

1) 气动热力学校准

按照规定,应对冰风洞进行干空气的气-热校准以确定设施的空气质量,同时记录下流场的相关参数:速度分布、温度分布、湍流强度分布、中心线空速校准以及风洞气流方向分布。对应每个设施,应该生成一个基于其工作范围的试验校准矩阵,在矩阵中应包括气动力学校准(见表 10-4)和热力学校准(见表 10-5)。

表 10-4 气动力学校准

垂直位置(水线)/%	水平位置(纵剖面线)/%	喷管空气压力	冰风洞空气静温	试验段速度(运行范围的%)
0,±25,±50,±75	0,±25,±50,±75	最大值	环境值	0,33,67,100

表 10-5 热力学校准

垂直位置(水线)/%	水平位置(纵剖面线)/%	喷管空气压力	冰风洞空气静温/℃(℉)	试验段速度(运行范围的%)
0,±25,±50,±75	0,±25,±50,±75	0,最大值	4,−6,−18,−30(40,22,0,−22)	0,33,67,100

从上面的表格中数据可以看出,至少从工作范围中选取 4 个间隔相同的速度作为校准点。例如当工作速度范围为 50~250 kn 时,校准的速度为 50、117、183 和 250 kn。当然有时可能会需要额外的温度或速度校准点。

在进行气动热力学校准时需要对冰风洞中心线处总压和静压进行测量和修正。将皮托管安装在试验段几何中心处,并根据校准速度(见表 10-4 和表 10-5)进行总压和静压的测量。得到的中心线静压与试验区域的指示静压之比可以用来计算风洞中修正气流的速度。

对于试验段的空速和气流角度测量应该是在上述表格中所列出的垂直位置(水线)和水平位置(纵剖线)的交点处进行。将测量压力或者温度的测量仪器安放在每条水线和纵剖线的交点处,进而得到符合规定的测量数据。

湍流分布情况的测量同样是在上表中列出的速度下进行,通常将测量仪器安装在模型将安放的位置,测量位置的间距可由制造商决定。在进行测量时应该注意仪器的数据采样率和时间应超过统计学的静态值。

对于冰风洞试验段温度分布情况,应在表 10-5 中所列的温度和速度下进行测量,且应将测量仪器安装在水线和纵剖线的交点处,仪器的采样率和采样时间同样应超过统计学的静态值。

2）冰云校准

在进行冰风洞校准时，还应该确定试验设施产生的冰云特性。主要包括喷嘴的校准、冰云尺寸和均匀度的校准、水滴 MVD 的校准和 LWC 的校准。

在对喷嘴进行校准时，主要考虑的是喷嘴气流和水流特性，且对于外部混合喷射喷嘴和内部混合喷嘴的校准是不一样的，这是由于外部混合喷射喷嘴雾化气流和水流不相耦合。具体的校准方法可参见 SAE ARP5905 中的 8.2.1 部分。

在进行冰云尺寸和均匀度测量时，应将测量点矩阵设在模型支撑系统旋转中心的参考平面上，且测量点间的间距不应大于弦向的 12.5%。在测量过程中可使用热线或其他实时 LWC 测量仪器。在文献[2]中介绍了中国空气动力研究与发展中心的 3 m×2 m 的结冰风洞冰云均匀度的测量。其采用了 1 955 mm×2 705 mm 的格栅对主试验段冰云进行均匀度测量，其格栅面积占到了截面积的 88%。格栅网格为 150 mm×150 mm，格栅单元深度为 60 mm，迎风面宽度为 5 mm。采用数显千分尺测量并记录下格栅迎风面的结冰厚度。

水滴尺寸通常使用 MVD 来表示，由空气辅助的雾化喷嘴产生的水滴尺寸是喷嘴空气和水流速度的函数。首先要确定 MVD 与喷嘴空气及水流速度的函数关系或者与空气及水压力的函数关系。为了确保 MVD 函数关系的有效性，应采用足够数量的较大间隔的额外数据来确定 MVD 测量的重复性。另外，要注意在 MVD 校准时，应在冰风洞的中心线上进行测量，且处在风洞最大工作速度的 50%～100%。文献[2]中采用的是 ADA 测量仪（airborne droplet analyzer probe，机载液滴分析仪）进行水滴直径的校测，将其置于风洞中心，在给定的水压、气压匹配工况下，持续采集云雾水滴直径 30 s 以上，待测试结果稳定后记录下 MVD、水压、气压。然后改变不同水压、气压匹配工况，重复测量并记录数据，通过收集得到的数据建立 MVD、P_w、P_a 数据库。

在冰风洞的试验段，LWC 主要取决于喷嘴喷射的水流速度、试验段空速和结冰云尺寸。与 MVD 校准相似，首先我们需要通过试验或者理论分析确定 LWC 和水流速度及试验段空速的函数关系。具体的校准例子可参考 SAE ARP5905 的附录 D。

如上所述，在通过试验获得测量数据之后，建立起相关的函数关系式和数据库，除此之外，还需要进行误差分析、重复性校测和针对性校测。流程图如图 10-1 所示。在进行误差分析时，需要分析校测值与理论分析结果的偏差是否满足 SAE ARP5905 中的±10%偏差要求。另外，在对 MVD 的校准时，当 MVD 小于 30 μm 时，±3 μm 的不确定度替代 10%偏差要求。

10.2.3 校准仪器

标准的冰风洞探头可用来测量速度分布、总温、总压、静压分布以及气流角度。

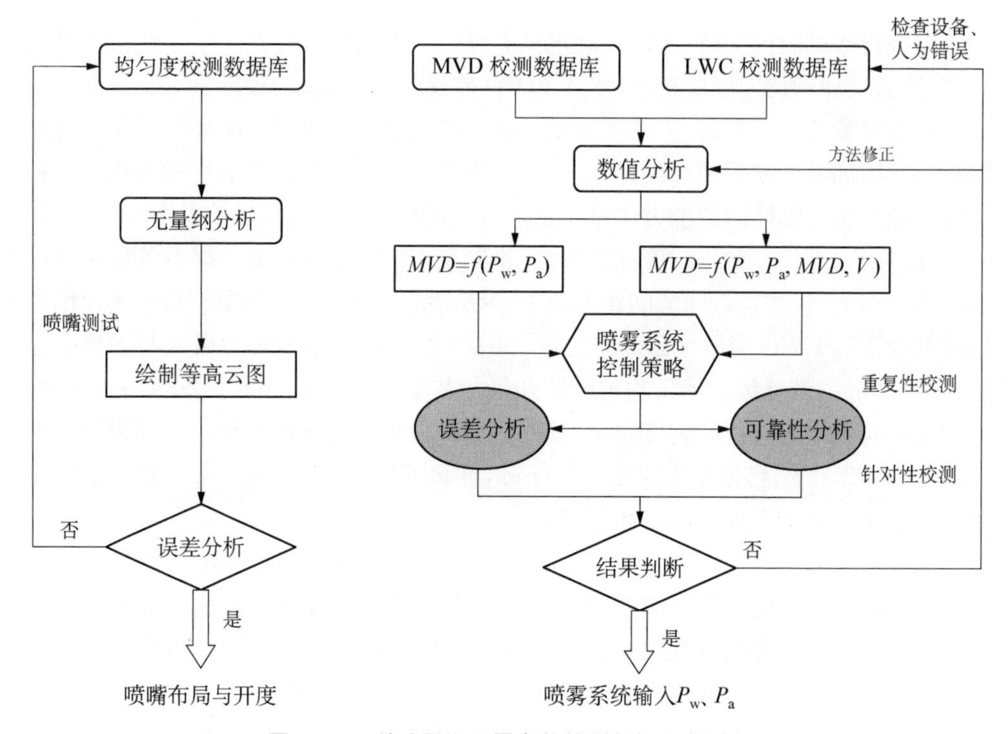

图 10-1　结冰风洞云雾参数校测数据处理流程

1）压力/温度校准仪器

标准的压力/温度校准测量设备(见图 10-2)可用于气动校准。相似的探针耙通常有 4 个或更多的压力孔。

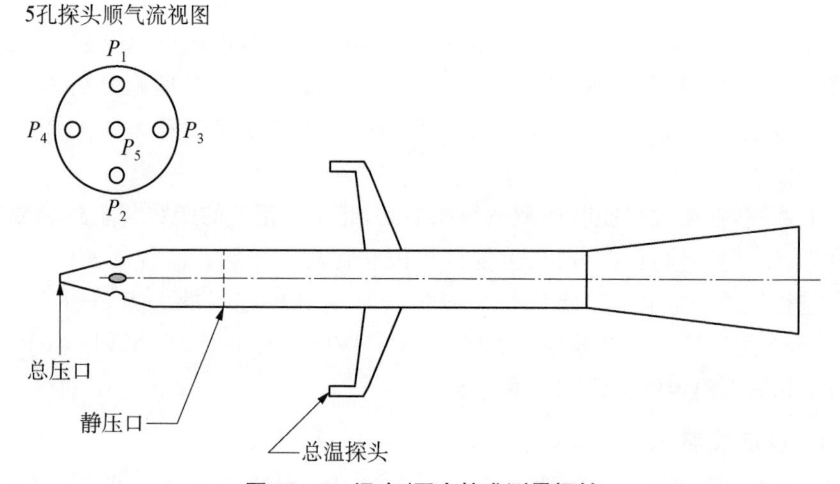

图 10-2　温度/压力校准测量探针

用于校准测量的仪器也应在设施工作范围内被校准。

2）湍流测量仪器

可使用单一或交叉线探头的标准热线风力计耙测量试验段的干空气湍流。图10－3为一典型的热线风力计耙结构。在测量湍流情况时，可将单独的测量探头安装在同一个底座上，或者延展向均匀分布在耙上。

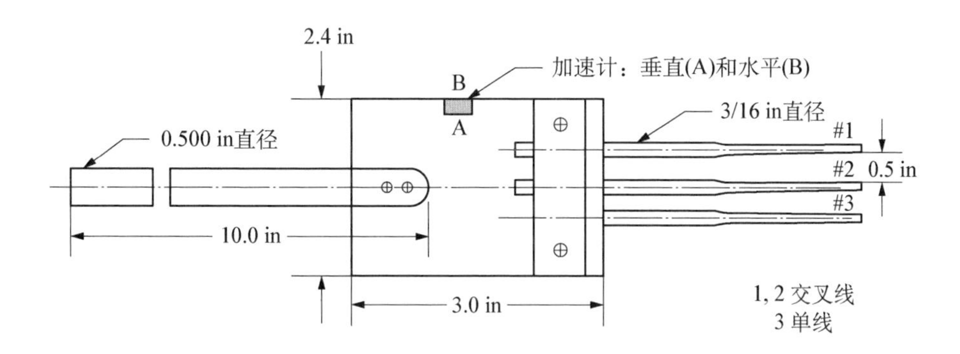

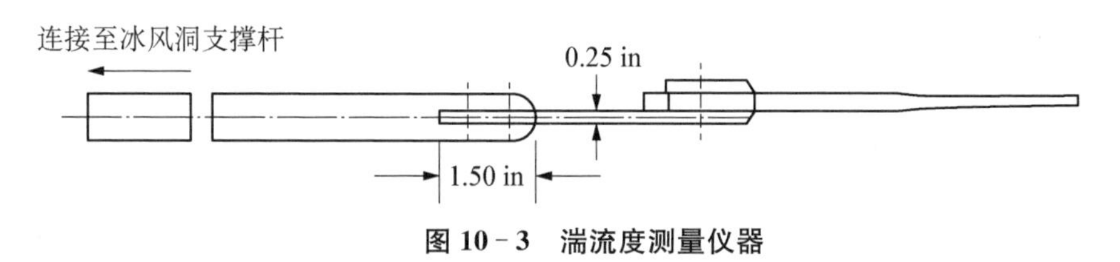

图10－3 湍流度测量仪器

3）水滴尺寸

测量液态水滴MVD可使用SAE AIR4906中建议的仪器进行测量。

4）液态水含量

测量液态水含量时可使用校准的冰叶片、旋转气瓶和校准的热线装置，对冰风洞的几何中心进行测量。在SAE ARP5905的附录A中有使用这3种仪器进行测量的细节，可供读者参考。

5）冰均匀性

在进行冰均匀性测量时，可使用图10－4中的冰校准网格，或者使用SAE ARP5905的附录A中提到的仪器测量试验段矩阵分布点的LWC。测量使用的网格和矩阵宽度取决于冰风洞试验段的大小。

10.3 过冷大水滴、冰晶和混合态的模拟

10.3.1 过冷大水滴

过冷大水滴（supercold large droplet，SLD）是指云层中平均有效直径大于50 μm的过冷水滴。

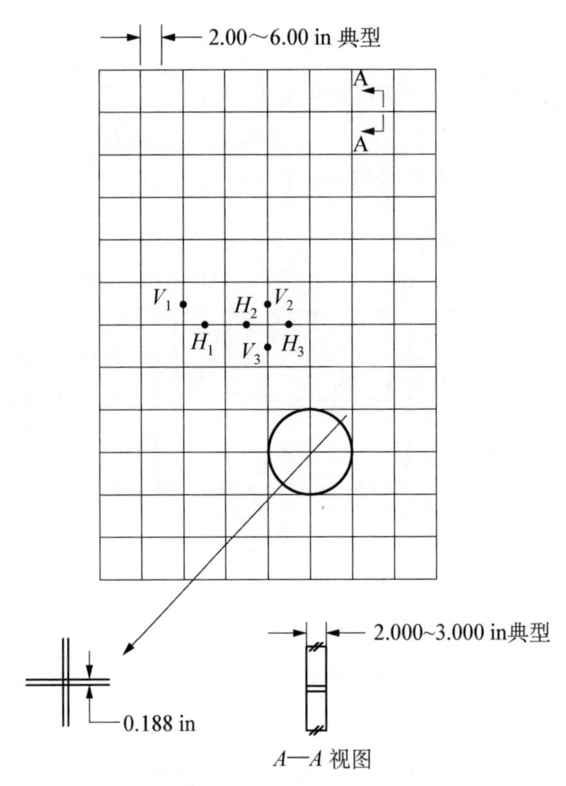

图 10-4 冰校准网格

在水滴尺寸方面，SLD 条件的模拟不但要满足 MVD 的要求，而且要使得试验段内的水滴质量分布与附录 O 的曲线相吻合。根据 14 CFR 25 部附录 O 和 AC 25-28中表 1 和表 2 的水滴尺寸分布，SLD 条件中，最小的水滴直径只有 1 μm，最大的水滴直径达 2 228 μm。为满足 SLD 结冰条件中滴谱的分布特性，行之有效的方法就是在结冰风洞中使用小水滴和大水滴两种喷嘴混合喷射，通过在稳定段、收缩段中的湍流混合，从而在下游的试验段形成符合附录 O 要求的水滴尺寸分布。

在结冰风洞中，为了保证喷嘴不被冻结，喷嘴内的水温会被加热到几十摄氏度，水雾化喷出后随气流一起运动，并与空气发生热交换，在到达试验段前可达到完全过冷(液滴温度与气流温度相同)。在 SLD 条件下，由于水滴直径变大，从喷嘴喷出的水滴所需要的完全过冷的时间(或距离)大大增加。并且重力对水滴沉降的影响也显著增大，随着喷雾段至试验段之间距离的增大，冰风洞内云雾场的均匀度会变差。因此，在使用冰风洞模拟 SLD 条件时，需要在两者间取得平衡，既要保证水滴的过冷度，又要满足云雾场均匀性的要求。

10.3.2 冰晶

对于冰晶的制造主要使用两种办法：雪枪和削冰器。

雪枪是将水通过喷管，在冷的加压空气作用下雾化，由于雾化的物理特性，水滴接近球形。大多数体积较小的水滴在离开喷管口一段距离内会发生冻结。而体积较大的水滴则需要较长一段时间和距离才能释放潜热发生冻结。所以，在产生水滴较大的情况下，试验段应离雪枪较远，以保证足够的距离和时间使水滴撞击在试验模型表面之前冻结成冰颗粒。

削冰器是将水先冻结成大块的冰块，再通过旋转的叶片将冰块削成小的冰颗粒，并将这些冰颗粒通过鼓风机吹进试验流场。削冰器生成的冰颗粒相比较雪枪生成的冰颗粒大，且形状也不规则。

对于使用不同方法产生的冰颗粒，我们需要对颗粒的尺寸特征进行测量，如二维光学排列探针等。有些方法产生的冰颗粒会导致不规则的形状，从而难以量化平均颗粒直径。根据冰颗粒生成技术，50～200 μm 范围内的颗粒尺寸是可接受的，如果有合理的理由，使用更高的值也是可以的。因为对于冰晶结冰来说，防护所需热量主要由部件收集到的冰量决定，而不是冰颗粒的尺寸。

冰晶的水含量可通过总水含量测量传感器测量，由于一些冰颗粒会从总水含量测量传感器上溅开。因此，测到的总的水含量可能会低于实际值。

10.3.3 混合相

混合相是指同时包括过冷液态水滴和冰晶的情况。

因此在模拟混合态结冰云层时可以使用喷雾装置和削冰器形成过冷水滴和冰颗粒的混合，或者使用喷雾装置和雪枪形成过冷水滴和冰颗粒的混合。

试验时应当同时测量液态水含量和总水含量，确定过冷水和冰晶符合规定的比例。

10.4 冰风洞参数的相似性处理

由于结冰风洞试验段模拟风速、液态水含量、过冷水滴直径等结冰气象条件的能力是有限的，不能满足所有适航审定所要求的结冰气象条件。因此，考虑到冰风洞的局限性，在进行试验时对结冰参数进行相似性处理很有必要的。

目前，相似性结冰试验方法主要包括混合缩比法和整体缩比法。混合缩比法通过重新设计试验模型的外形来达到减小模型尺寸的目的，但结冰气象条件与全尺寸相同。整体缩比法是根据参考条件的模型尺寸和结冰气象参数，应用结冰相似法则，计算出缩比条件的模型尺寸和试验参数，以得到不同模型尺寸和结冰气象条件下的相似冰形。整体缩比方法是建立在水滴运动方程、水膜质量方程和水膜能量方程相似的基础上的，可对模型尺寸和结冰气象条件进行缩比，从而扩展现有冰风洞的试验模型尺寸范围和气象条件范围。

10.4.1 相似理论

在相似结冰试验中为了得到缩比模型和参考模型相似的冰形结果，需要保证相似试验和参考条件的几何相似、空气流场相似、水滴轨迹相似、水收集量相似、能量平衡相似、水膜动力学相似。为了满足上述条件的表达式，推导出了以下几个相似特征参数。

1）几何相似

结冰相似试验首先得保证缩比试验模型和参考的试验模型几何形状相似。在冰层增长的过程中，要保证结冰模型的几何形状相似，从而模型周围的流场相似。水滴运动方程和水膜质量、能量方程的相似性也是建立在几何相似的基础上的。另外，模型安装的俯仰角和侧滑角也应保持一致。由于积冰的生长往往更多地关注模型的前缘水滴撞击区域，所以有时只用保证这一区域的相似便可满足研究需求。

2）流场相似

为了保证流场的相似性，要确定在相似试验中雷诺数和马赫数与其对应的参考值相似。通常情况下这两个参数表示如下：

$$Re_{a}=\frac{Vd\rho_{a}}{\mu_{a}} \tag{10-1}$$

$$Ma=\frac{V}{\sqrt{\gamma R_{a}T_{st}}} \tag{10-2}$$

式中，Re 为雷诺数；V 为自由流空气的速度；d 为特征长度，对于冰风洞试验，一般为机翼前缘曲率半径的 2 倍；ρ_{a} 和 μ_{a} 分别为空气密度和动力粘性系数；Ma 为马赫数；γ 和 R_{a} 分别为空气的比热比和气体常数，在结冰条件范围内（233～273 K）可假定为常数；T_{st}为空气静温，下标 a 表示空气。因此，对于马赫数，相似试验的速度与参考值几乎相等。然而，对于雷诺数而言，当试验的模型特征长度为参考值的一半时，速度值应是原来的 2 倍。这就表明在使用缩比模型试验时，无法保证雷诺数和马赫数同时与其参考值相等。大多数的相似分析认为，对于结冰试验，马赫数相对比较低而且可压缩性影响可以忽略。冰积累通常发生在机翼前缘，由于前缘表面边界层比较薄，粘性影响比较小，因此雷诺数被忽略。在下游位置，存在冰积累的位置通常发生边界层的转捩，此时特性与雷诺数无关。然而，当考虑表面水的影响时，分析过程要包括雷诺数。

3）水滴运动轨迹相似

水滴撞击到模型每个表面的量要相似，而水滴的运动轨迹决定了水滴是否会撞击到模型表面以及水滴撞击到的位置。因此在结冰相似试验中，要满足水滴撞击轨迹的相似。对于方程做出一些合理的简化，假设水滴轨迹在相似试验中和参考云层中可以使用一个特征水滴直径来表示。对于附录 C 中的结冰条件中的水滴尺寸分布和相对速度可以用 MVD 来表示，但是这种简化不能用于 SLD 的情况，因为在 SLD 情况下，水滴的分布会对冰形造成很大的影响。忽略重力的影响，则无量纲水滴动量方程可表示为

$$\frac{d^2 X}{d\Theta^2}=\frac{C_D Re_{\mathrm{rel}}}{24K}\left(u-\frac{dX}{d\Theta}\right) \tag{10-3}$$

式中，C_D 为水滴阻力系数；$\frac{dX}{d\Theta}$ 和 u 分别为水滴和空气相对自由流的速度；Re_{rel} 为相对液滴雷诺数，且该值是基于当地液滴和空气相对速度差。

$$Re_{\mathrm{rel}}=\frac{\delta\rho_{\mathrm{a}}\left|u-\frac{dX}{d\Theta}\right|}{\mu_{\mathrm{a}}} \tag{10-4}$$

式中，ρ_{a} 和 μ_{a} 分别为空气密度和动力粘性系数；δ 为水滴平均直径。

另外，K 是无量纲惯性参数，定义如下：

$$K=\frac{\rho_{\mathrm{w}}\delta^2 V}{18d\mu_{\mathrm{a}}} \tag{10-5}$$

式中，ρ_{w} 为水滴密度。

由此可知，水滴的运动轨迹可以完全由水滴惯性参数 K 和水滴相对气流的雷诺数 Re 确定。若这两个相似参数在相似试验中和实际试验中保持一致，则可认为水滴运动轨迹相似。

$$\left(\frac{C_D Re_{\mathrm{rel}}}{24}\right)_{\mathrm{S}}=\left(\frac{C_D Re_{\mathrm{rel}}}{24}\right)_{\mathrm{R}} \tag{10-6}$$

$$K_{\mathrm{S}}=K_{\mathrm{R}} \tag{10-7}$$

式中，下标 S 和 R 分别表示缩比条件和参考条件。

但是，在实践中，这两个参数并不能常常同时匹配，而且在含有过冷水滴的空气中，模型表面的空气与水滴的速度是变化的，因此要保证雷诺数相等是很困难的。因此有一些研究找出了另外的相似参数代替这两个参数。

Langmuir 和 Blodgett 提出了修正的惯性参数 K_0：

$$K_0=\frac{1}{8}+\frac{\lambda}{\lambda_{\mathrm{Stokes}}}\left(K-\frac{1}{8}\right),\ K>\frac{1}{8} \tag{10-8}$$

式中，λ 表示在静止空气中，忽略重力作用，初始雷诺数为水滴自由流雷诺数 Re_δ 的水滴的移动距离；$\frac{\lambda}{\lambda_{\mathrm{Stokes}}}$ 为雷诺数在 $0\sim Re_\delta$ 范围内的平均阻力率；Re_δ 为具有自由流速度时的雷诺数。

$$\frac{\lambda}{\lambda_{\text{Stokes}}}=\frac{1}{Re_{\delta}}\int_{0}^{Re_{\delta}}\frac{\mathrm{d}Re_{\text{rel}}}{C_D\,Re_{\text{rel}}/24} \tag{10-9}$$

$$Re_{\delta}=\frac{V\delta\rho_{\text{a}}}{\mu_{\text{a}}} \tag{10-10}$$

因此,可以用参数 K_0 来表示水滴的运动轨迹相似:

$$K_{0,\text{S}}=K_{0,\text{R}} \tag{10-11}$$

Langmuir 和 Blodgett 还提出,对于 $K\leqslant 1/8$ 的情况,水滴不会撞击在模型表面。还给出了滞止点处的局部水收集系数 β_0 和 K_0 的关系:

$$\beta_0=\frac{1.40\left(K_0-\dfrac{1}{8}\right)^{0.84}}{1+1.40\left(K_0-\dfrac{1}{8}\right)^{0.84}},\ 0.125<K\leqslant 7.5 \tag{10-12}$$

(1) 简化轨迹分析。

为了更快地计算和模拟,通过简化 Langmuir 和 Blodgett 的分析方法得到水滴尺寸的近似表达。首先定义修正惯性参数为

$$K_0=K\frac{\lambda}{\lambda_{\text{Stokes}}} \tag{10-13}$$

其次是对 $C_DRe_{\text{rel}}/24$ 的近似表达,图 10-5 展现出 $C_DRe_{\text{rel}}/24$ 是 Re_{rel} 的函数。

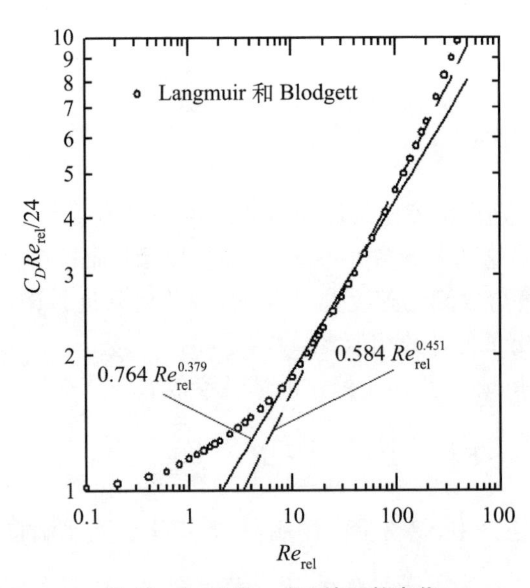

图 10-5 $C_DRe_{\text{rel}}/24$ 的函数变化

$$\frac{C_D Re}{24} = \kappa_1 Re^{\kappa} \tag{10-14}$$

式中，κ 和 κ_1 为常数，于是可以得到

$$\frac{\lambda}{\lambda_{\text{Stokes}}} = \frac{1}{\kappa_1(1-\kappa)} Re_{\delta}^{-\kappa} \tag{10-15}$$

将式(10－5)式(10－10)和式(10－15)代入 $K_0 = K\dfrac{\lambda}{\lambda_{\text{Stokes}}}$ 可得

$$K_0 = \left[\frac{\rho_w R_a^{\kappa}}{18\kappa_1(1-\kappa)\mu_a^{1-\kappa}}\right]\frac{\delta^{2-\kappa} V^{1-\kappa} T^{\kappa}}{d p^{\kappa}} \tag{10-16}$$

式中，p 为压力；T 为温度。在结冰条件下（－40～32℉），水的密度和空气的粘度变化比较小。因此在式(10－16)中可认为括号里的量为常量。当 K_0 的相似值和参考值相等时，括号里的量可以舍去，并可以通过下式计算出冰风洞试验的水滴尺寸：

$$\frac{\delta_S}{\delta_R} = \left(\frac{d_S}{d_R}\right)^{\frac{1}{2-\kappa}}\left(\frac{p_S}{p_R}\right)^{\frac{\kappa}{2-\kappa}}\left(\frac{V_S}{V_R}\right)^{\frac{\kappa-1}{2-\kappa}}\left(\frac{T_S}{T_R}\right)^{\frac{\kappa}{2-\kappa}} \tag{10-17}$$

该式对于不同的 κ 值都得到了广泛的运用。

(2) bragg 的简化方法。

上述方法中，在对 $\lambda/\lambda_{\text{Stokes}}$ 的表达式进行简化的过程中，将 $C_D Re/24$ 写成 Re 的指数函数，但根据 $C_D Re/24$ 与 Re 的函数关系图可以看出，不论 κ 取多少，$C_D Re/24$ 与 Re 的指数函数只与其中的小部分相吻合。比如，当 $\kappa=0.38$ 时，与 $5 < Re < 100$ 较为吻合；当 $\kappa = 0.45$ 时，与 $10 < Re < 300$ 较为吻合。为了增加其吻合度，Bragg 将 $C_D Re/24$ 与 Re 的函数关系在整个 Re 范围内进行了拟合，得

$$\frac{C_D Re}{24} = 1 + \frac{1}{6} Re^{2/3},\ Re < 1\,000 \tag{10-18}$$

然后便可以得到 K_0 的表达式如下：

$$K_0 = 18K\left[Re_{\delta}^{-2/3} - \sqrt{6}\,Re_{\delta}^{-1}\arctan\left(\frac{Re_{\delta}^{1/3}}{\sqrt{6}}\right)\right] \tag{10-19}$$

虽然式(10－19)比上一种在一个更宽的 Re_{δ} 范围内表现出较高的准确性，但是通过式(10－19)寻找相似 MVD 与参考值匹配并不方便。

另外，Bragg 同样提出了一种快速计算水滴尺寸的方法。定义水滴运动轨迹相似参数如下：

$$\overline{K} = \frac{K}{Re_{\delta}^{\kappa}} \tag{10-20}$$

当 κ 为常数时，水滴运动轨迹可以由上式的 $\overline{K}$ 决定。

4）水收集量相似

模型表面特定位置收集量依赖于以下几点：①云层中水含量；②其中能够到达指定模型表面位置的水的比例（依赖于水滴运动轨迹）；③到达指定表面后并发生冻结的水含量。Messinger 提出了冻结系数的概念 n。对于一些位置，可能不发生冻结，则 $n=0$。相反，有些位置所有到达表面的水滴都发生冻结，此时 $n=1$。当 $n=1$ 时，冰的增长率为

$$\frac{\mathrm{d}\Delta}{\mathrm{d}\tau}=\frac{\dot{m}}{\rho_{\mathrm{i}}} \tag{10-21}$$

式中，τ 为结冰时间；ρ_{i} 为冰的密度；$\dot{m}$ 是单位时间单位面积内的总的水流量：

$$\dot{m}=LWCV\beta \tag{10-22}$$

式中，LWC 为云层中的液态水含量；β 为局部水收集率。虽然随着冰形的变化，β 也会随时间变化，但是假设在冰积累的过程中，β 和 ρ_{i} 是常数，因此，冰积累厚度 Δ 可以写为

$$\Delta=\frac{LWCV\beta\tau}{\rho_{\mathrm{i}}} \tag{10-23}$$

要满足相似模型上所结冰形相似，则要求模型表面的结冰厚度和模型特征尺寸的比值相等：

$$\left(\frac{\Delta}{d}\right)_{\mathrm{S}}=\left(\frac{\Delta}{d}\right)_{\mathrm{R}} \tag{10-24}$$

即

$$\left(\frac{LWCV\beta\tau}{\rho_{\mathrm{i}}d}\right)_{\mathrm{S}}=\left(\frac{LWCV\beta\tau}{\rho_{\mathrm{i}}d}\right)_{\mathrm{R}} \tag{10-25}$$

积累参数 A_{c} 定义为

$$A_{\mathrm{c}}=\frac{LWCV\tau}{\rho_{\mathrm{i}}d} \tag{10-26}$$

从前一部分的分析我们知道，为了保证水滴运动轨迹的相似性，要求 Langmuir 和 Blodgett 的修正惯性参数 K_0 相似。且如果 K_0 相似，β_0 也就相似，同时所有局部水收集率也相似。因此在相似试验模型表面水滴收集总量相似准则为

$$A_{\mathrm{c,S}}=A_{\mathrm{c,R}} \tag{10-27}$$

为了保证当 $n=1$ 时模型上合适的相似冰厚度，如果无法找到 K_0 相匹配的相似条

件，就要求 $\beta_0 A_c$ 是相匹配的。因此有

$$\beta_{0,S}A_{c,S} = \beta_{0,R}A_{c,R} \tag{10-28}$$

式(10-28)只能在另外两个相似参数无法匹配的情况下使用，只有当 $\beta_{0,S}$ 和 $\beta_{0,R}$ 在10%以内时可以得到较好的相似冰积累结果。

当 $0 < n_0 < 1$ 时，模型表面的水滴收集总量还与冻结过程中控制体内水滴的蒸发、流动等有关，因此，无量纲结冰厚度可以写为

$$\frac{\Delta_0}{d} = n_0 A_c \beta_0 \tag{10-29}$$

冻结系数 n_0 表现了冰表面的热平衡，同样该参数是一个相似参数。当 n_0 和 β_0 同时匹配时，在滞止点处的无量纲冰厚度与参考值相等。另外假设在相似试验和参考情况下，ρ_i 值相等，此时相似试验冰积累时间与参考条件下冰积累时间的比值为

$$\frac{\tau_S}{\tau_R} = \left(\frac{d_S}{d_R}\right)\left(\frac{V_S}{V_R}\right)\left(\frac{LWC_S}{LWC_R}\right) \tag{10-30}$$

5）能量方程相似

如果撞击在表面的水滴全部发生冻结，则这种情况发生在霜冰形成的条件下。然而，在明冰条件下，水滴撞击在模型表面并不能完全冻结，因此还要考虑能量守恒。

我们将对滞止点进行分析。

(1) 通过表面边界对流换热的热散失

$$q_c = h_c(t_s - t_{bl}) \tag{10-31}$$

式中，t_s 和 t_{bl} 分别为表面温度和空气静温；h_c 为对流换热系数。

(2) 由于表面水蒸发造成的热散失

$$q_e = \dot{m}_e \Lambda_v \tag{10-32}$$

式中，$\dot{m}_e$ 为结冰表面水的蒸发量，Λ_v 为蒸发潜热。

(3) 由于冰的升华造成的热散失

$$q_s = \dot{m}_s \Lambda_s \tag{10-33}$$

式中，$\dot{m}_s$ 为冰层升华的质量流量；Λ_s 为升华潜热。

(4) 由于辐射造成的热散失

$$q_r = \sigma\varepsilon(T_s^4 - T_{st}^4) \tag{10-34}$$

式中，σ 为斯蒂芬-波尔兹曼常数；ε 为黑度；T_s 和 T_{st} 分别为结冰表面温度和静温。

(5) 加热撞击液滴到达冻结点温度造成的热散失

$$q_{w}=\dot{m}c_{p,ws}(t_{f}-t_{st}) \tag{10-35}$$

式中，$\dot{m}$为进入前缘滞止点控制体的水撞击量；$c_{p,ws}$为撞击水的定压比热；t_{f} 为冻结温度。

(6) 由于水流出控制体带走的热量

$$q_{rb}=[(1-n)\dot{m}-\dot{m}_{e}]c_{p,ws}(t_{s}-t_{f}) \tag{10-36}$$

(7) 在模型中通过冰进行热传导散失的热量

$$q_{cond}=k_{i}\frac{\Delta}{\xi\iota}\left(t_{s}-t_{st}-r\frac{V^{2}}{2c_{p,a}}\right) \tag{10-37}$$

式中，k_{i} 为冰导热系数；Δ 为冰层厚度；ξ 和 ι 分别为沿弦向和展向的控制体尺寸；$c_{p,a}$ 为空气的定压比热；r 为恢复系数。

(8) 由于冻结水融化获得的潜热

$$q_{f}=\dot{m}n\Lambda_{f} \tag{10-38}$$

式中，Λ_{f} 为冻结潜热。

(9) 冰从冻结温度降低到表面温度释放的显热

$$q_{i}=\dot{m}nc_{p,is}(t_{f}-t_{s}) \tag{10-39}$$

式中，$c_{p,is}$为冻结冰的定压比热。

(10) 水滴撞击表面的动能转换得到的热量为

$$q_{k}=\dot{m}(V^{2}/2) \tag{10-40}$$

(11) 水膜流入控制体代入的热量。

水膜流入控制体带入的能量等于上游控制体流出水所携带的热量。对于滞止点，没有上游流入的水，因此水膜流入带入的热量为零。

对于能量项中的第(1)项，对流换热项中的对流换热系数 h_{c} 在模型表面的不同位置是不同的。为了保证相似准则的适用性，在能量方程相似中有两个假设。①空间假设：假设模型滞止点处的结冰特征满足相似准则，则模型的其他位置也满足相似。②时间假设：推导过程是基于未结冰表面的，因此假设在未结冰表面满足能量方程相似，随着时间推移，冰层表面的冰积累也满足相似。

对流换热系数 h_{c} 根据努塞尔数 Nu 进行计算，Nu 通常可以表示为

$$Nu_{a}=ARe_{a}^{B} \tag{10-41}$$

式中，A 和 B 都是常数。

$$Nu_{a}=\frac{h_{c}d}{k_{a}} \tag{10-42}$$

式中，k_a 为空气的导热系数。Kreith 给出了在圆柱滞止点处的 Nu_a 的表达式：

$$Nu_a = 1.14 Pr_a^{0.4} Re_a^{0.5} \tag{10-43}$$

式中，

$$Pr_a = \frac{c_{p,a}\mu_a}{k_a} \tag{10-44}$$

且空气的 Nu_a、Pr_a 和 Re_a 的特征温度为

$$t_{film} = \frac{1}{2}(t_s + t_{st}) \tag{10-45}$$

式中，空气的普朗特数 Pr_a 在大多数的结冰气候条件中可以认为恒定，于是有

$$Nu_a = 0.992 Re_a^{0.5} \tag{10-46}$$

对于能量项中的第(2)项，蒸发项

$$\dot{m}_e = h_G \frac{(p_{ww} - p_w)}{p_{st}} \tag{10-47}$$

式中，p_{ww}、p_w 和 p_{st} 依次为水表面饱和水蒸气分压、自由来流饱和水蒸气分压和静压。从式中可以看出，驱动蒸发的是蒸发表面和大气环境的压差。表面水的蒸气压假设为在表面温度下的饱和压力。为了方便编程计算，Pruppacher 对温度范围在 −50～50℃的水蒸气饱和压力进行了曲线拟合；h_G 为传质系数，其计算公式为

$$h_G = \frac{h_c}{c_{p,a}}\left(\frac{Pr_a}{Sc_a}\right)^{0.67} \tag{10-48}$$

式中，施密特数为

$$Sc_a = \frac{\mu_a}{\rho_a D_v} \tag{10-49}$$

式中，D_v 为水蒸气在空气中的扩散系数。类似于能量项中的第(2)项，第(3)项中冰升华量在热平衡中可以表示为

$$\dot{m}_s = h_G \frac{(p_{wi} - p_w)}{p_{st}} \tag{10-50}$$

式中，p_{wi} 为冰表面的饱和水蒸气分压，其拟合曲线可查 NASA 的《缩比方法手册》(*Manual of Scaling Methods*)的附录 A。冰的升华量相对于水的蒸发量较小，因此，在热平衡方程中可以忽略这一项。

当防/除冰系统不工作时，结冰表面温度与环境温度的温差不大，因此可以不考虑辐射换热量。

对于热平衡方程中的过冷水显热项，假设撞击水是在环境静温下，因此，在结冰发生前，温度会从静温升高到冻结温度。且水的流量可以表示为

$$\dot{m} = LWCV\beta_0 \tag{10-51}$$

对于第(6)项中的回流水能量，在霜冰条件下，冻结系数 $n=1$，这一项可以看作0。在明冰条件下 $t_s=t_f$，这一项同样不存在。因此，除去有热防冰保护时($t_s\neq t_f$)，其他情况下该项都可以忽略。

第(7)项为热传导项，Ruff 认为，对于材料、结构相同的结冰模型导热量对冰形的影响不大。另外，当结冰时间较长时，冰层能够充当绝热层阻止热量的散失，故导热量可以忽略。

第(9)项中，冰的显热只对霜冰有效。对于明冰，其表面温度与冻结温度相等，因此这一项就不存在了。

在第(11)项中，水滴进入控制体只有通过撞击的方式，而这一项在热平衡方程中除去滞止点外可以忽略。

通过以上的分析，当表面温度达到稳定，净热传递量为零时，能量平衡方程在未加热滞止点表面(明冰条件下)可忽略(2)、(4)、(6)、(7)、(9)和(11)项得

$$q_c + q_e + q_w = q_f + q_k \tag{10-52}$$

即

$$\begin{aligned} & h_c\left(t_s - t_{st} - \frac{V^2}{2c_{p,a}}\right) + h_G\left(\frac{\dfrac{p_{ww}}{T_{st}} - \dfrac{p_{tot}}{T_{tot}}\dfrac{p_w}{p_{st}}}{\dfrac{1}{0.622}\dfrac{p_{tot}}{T_{tot}} - \dfrac{p_{ww}}{T_{st}}}\right)\Lambda_v + \dot{m}c_{p,ws}(t_f - t_{st}) \\ & = \dot{m}n_0\Lambda_f + \dot{m}\frac{V^2}{2} \end{aligned} \tag{10-53}$$

式中，p_{tot} 和 T_{tot} 分别为总压和总温。另外式(10-53)包括了压缩性的影响，不可压形式的能量方程为

$$h_c\left(t_s - t_{st} - \frac{V^2}{2c_{p,a}}\right) + h_G\left(\frac{p_{ww} - p_w}{p_{st}}\right)\Lambda_v + \dot{m}c_{p,ws}(t_f - t_{st}) = \dot{m}n_0\Lambda_f + \dot{m}\frac{V^2}{2} \tag{10-54}$$

于是滞止点的冻结系数可以表示为

$$n_0 = \frac{c_{p,ws}}{\Lambda_f}\left(\phi + \frac{\theta}{b}\right) \tag{10-55}$$

式中，b 为相对热系数，是衡量撞击水总热容和表面对流换热能力的无量纲因子；ϕ 和 θ 分别为水滴和空气的能量传递温差。

$$b=\frac{\dot{m}c_{\mathrm{p,ws}}}{h_{\mathrm{c}}}=\frac{LWCV\beta_0 c_{\mathrm{p,ws}}}{h_{\mathrm{c}}} \tag{10-56}$$

$$\phi=t_{\mathrm{f}}-t_{\mathrm{st}}-\frac{V^2}{2c_{\mathrm{p,ws}}} \tag{10-57}$$

$$\theta=\left(t_{\mathrm{s}}-t_{\mathrm{st}}-\frac{V^2}{2c_{\mathrm{p,ws}}}\right)+\frac{h_{\mathrm{G}}}{h_{\mathrm{c}}}\left(\frac{\frac{p_{\mathrm{ww}}}{T_{\mathrm{st}}}-\frac{p_{\mathrm{tot}}}{T_{\mathrm{tot}}}\frac{p_{\mathrm{w}}}{p_{\mathrm{st}}}}{\frac{1}{0.622}\frac{p_{\mathrm{tot}}}{T_{\mathrm{tot}}}-\frac{p_{\mathrm{ww}}}{T_{\mathrm{st}}}}\right)\Lambda_{\mathrm{v}} \tag{10-58}$$

忽略可压缩性的影响时，则有

$$\theta=\left(t_{\mathrm{s}}-t_{\mathrm{st}}-\frac{V^2}{2c_{\mathrm{p,a}}}\right)+\frac{h_{\mathrm{G}}}{h_{\mathrm{c}}}\left(\frac{p_{\mathrm{ww}}-p_{\mathrm{w}}}{p_{\mathrm{st}}}\right)\Lambda_{\mathrm{v}} \tag{10-59}$$

要确保能量方程的相似，首先要使滞止点处的冻结系数保持一致。与局部收集系数类似，冻结系数也需要在整个结冰表面和整个结冰过程中都保持相似。

6）水膜动力学相似

在早期的结冰相似方法的研究中，主要是针对修正惯性参数 K_0、收集水量参数 A_{c} 和滞止点的冻结系数 n_0 三个参数来确定结冰的相似条件。然而，在近期的研究中发现，瘤状冰条件下，相似条件的确定除了考虑上面所说的三个参数外，还需要考虑结冰表面水膜动力学参数对冰形的影响。

韦伯数是衡量结冰表面水膜动力学特性的重要参数。基于不同的特征尺寸，韦伯数具有不同的形式。主要有以下三种形式，依次是基于模型特征长度、水滴平均直径和水膜厚度：

$$We_{\mathrm{L}}=\frac{V^2L\rho_{\mathrm{w}}}{\sigma_{\mathrm{w/a}}} \tag{10-60}$$

$$We_{\delta}=\frac{V^2\delta\rho_{\mathrm{w}}}{\sigma_{\mathrm{w/a}}} \tag{10-61}$$

$$We_{\mathrm{h}}=\frac{V^2h_{\mathrm{film}}\rho_{\mathrm{w}}}{\sigma_{\mathrm{w/a}}} \tag{10-62}$$

式中，$\sigma_{\mathrm{w/a}}$为水在空气中的表面张力。水膜动力学相似要求缩比条件和参考条件的韦伯数相同。

7）相似参数总结

现在将上面讨论的相似参数做个总结，如下所示：

（1）雷诺数，Re_{a}。

（2）修正惯性参数，K_0。

（3）滞止点收集率，β_0。

(4) 积累系数,A_c。

(5) 相对热系数,b。

(6) 水滴能量转换参数,ϕ。

(7) 空气能量转换参数,θ。

(8) 冻结系数,n_0。

(9) 韦伯数,We。

注意,滞止点收集率 β_0 是一个较为敏感的参数,可以代替修正惯性系数 K_0。

10.4.2 相似准则

在前面我们定义了一些相似参数,对于相似试验,每个相似参数的相似值和参考值的匹配都提供了一个方程。对于水平面的冰风洞,在相似模型的尺寸给定后,五个相似试验条件(温度、空速、液滴尺寸、云层液态水含量和暴露时间)需要给定。对于不在海平面的冰风洞试验,相对海平面的冰风洞试验增加了一个相似压力值。因此,一个系统往往只需要5~6个方程,在对相似参数进行选择时要充分考虑相似参数对冰形的影响。由于试验条件受到冰风洞设备的限制,当试验条件无法达到预期的要求时,则需对以上几个物理量进行缩比。

Ruff是第一个将相似参数,即 K_0、A_c、n_0、b、θ、ϕ 系统地综合起来。他先后提出了四种结冰相似准则。分别为Ruff-1、Ruff-2、Ruff-3和Ruff-4结冰相似准则,其中Ruff-4准则就是比较熟悉的AEDC结冰相似准则。下面将分别对这四种准则进行简单介绍。

Ruff-1准则是指匹配相似参数 K_0 和 A_c,进而得到缩比后水滴的平均直径和结冰时间,其中缩比试验尺寸、来流速度和液态水含量均由研究人员自己确定,试验的静压静温也与参考值相等,所以可以表述为

$$\begin{aligned}
&(K_0)_S = (K_0)_R \\
&(A_C)_S = (A_C)_R \\
&L_S = [\text{用户指定}] \\
&V_S = [\text{用户指定}] \\
&LWC_S = [\text{用户指定}] \\
&T_S = T_R \\
&p_S = p_R
\end{aligned} \tag{10-63}$$

该准则的缺点是将缩比前后结冰温度相等认为缩比前后热力学过程相似,该准则在明冰和混合冰的条件下不能得到相似的结冰冰形。

Ruff-2准则是指匹配相似参数 K_0、A_c 和 n_0,进而得到缩比后水滴的平均直径、结冰时间和结冰温度,其中缩比试验尺寸、来流速度和液态水含量均由研究人员自己确定,试验的静压与参考值相等,所以可以表述为

$$
\begin{aligned}
&(K_0)_S = (K_0)_R \\
&(A_C)_S = (A_C)_R \\
&(n_0)_S = (n_0)_R \\
&L_S = [\text{用户指定}] \\
&V_S = [\text{用户指定}] \\
&LWC_S = [\text{用户指定}] \\
&p_S = p_R
\end{aligned}
\tag{10-64}
$$

Ruff 用此准则进行了试验，缩比试验的结冰类型与参考试验一致，但是冰形并不完全匹配。

Ruff-3 准则是指匹配相似参数 K_0、A_c、n_0 和 b，进而得到缩比后水滴的平均直径、结冰时间、结冰温度和液态水含量，其中缩比试验尺寸和来流速度由研究人员自己确定，试验的静压与参考值相等，该准则可以表述为

$$
\begin{aligned}
&(K_0)_S = (K_0)_R \\
&(A_C)_S = (A_C)_R \\
&(n_0)_S = (n_0)_R \\
&b_S = b_R \\
&L_S = [\text{用户指定}] \\
&V_S = [\text{用户指定}] \\
&p_S = p_R
\end{aligned}
\tag{10-65}
$$

Ruff-4 准则，即 AEDC 结冰相似准则，是指匹配相似参数 K_0、A_c、n_0、θ 和 ϕ，这样相似参数 b 会自动匹配。进而得到缩比后水滴的平均直径、结冰时间、液态水含量、结冰压力和结冰温度，其中缩比试验尺寸和来流速度由研究人员自己确定，该准则可以表述为

$$
\begin{aligned}
&(K_0)_S = (K_0)_R \\
&(A_C)_S = (A_C)_R \\
&(n_0)_S = (n_0)_R \\
&\theta_S = \theta_R \\
&\phi_S = \phi_R \\
&L_S = [\text{用户指定}] \\
&V_S = [\text{用户指定}]
\end{aligned}
\tag{10-66}
$$

根据 NASA 所做出的研究表明，用 AEDC 相似准则选取计算出的缩比模型参数，然后以这些参数进行试验，无论实际模型结冰类型是霜冰，还是明冰和混合冰，

都能在缩比模型上得到和实际模型上相似的结冰冰形。

10.5 冰风洞试验模型

10.5.1 概述

为了保证冰风洞内流场的品质，冰风洞的堵塞度通常应当保持在20%以下。由于冰风洞的尺寸限制，这就对试验件的大小提出了要求。对于弦长较大的机翼，如果不进行适当的处理，基本无法满足上述要求，特别是在大攻角的试验条件下。

目前采用的方法是使用缩比模型或者混合模型。

10.5.2 缩比模型

缩比模型是对试验模型进行整体缩比，与混合缩比的重要区别在于，缩比模型不需要进行前后段的拼接。缩比模型是根据全尺寸模型的尺寸和参考的气象参数，运用结冰相似法则，计算出缩比模型对应的尺寸和试验参数，从而得到结冰气象条件下的相似冰形。

由于难以模拟内流场情况，缩比模型通常不用于验证防冰系统性能的试验。

10.5.3 混合模型

混合缩比机翼模型使用全尺寸机翼的前缘部分，后半段部分为流线型，使得模型的整体弦长缩短。混合缩比模型的设计是基于前缘冰积累在云层特性、水滴撞击限、前缘局部流场、模型表面几何以及热动力学特性相同的情况下，混合缩比模型和全尺寸模型上是相同的。事实上，过冷水滴通常只撞击在机翼的前缘，因此冰积累也往往发生在前缘部分。混合缩比模型由于前缘具有与全尺寸模型一致的几何特点，再加上后半段的设计要保证与全尺寸相似的流场和前缘水滴撞击特性，所以混合缩比模型在很大程度上的试验结果可以反映真实情况。

在设计混合缩比模型的过程中，首先使用水滴撞击代码计算预测全尺寸模型水滴撞击限，然后再设计后半段，要保证设计得到的混合缩比机翼模型得到与全尺寸模型相似的流场和水滴撞击限。混合缩比模型设计方法如图 10-6 所示。

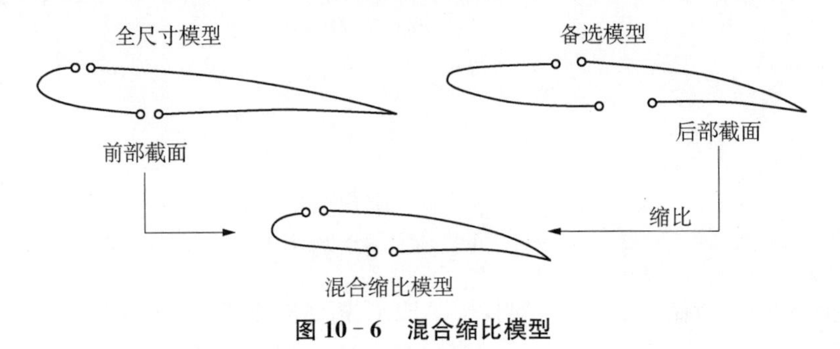

图 10-6 混合缩比模型

后半段的初始几何形状可通过基于共性映像的多点反转机翼设计代码得到。接着进一步对后半部分进行设计，后半部分的设计取决于很多约束条件，比如混合缩比模型的缩小比例、上下表面的厚度、前后半段连接处的斜率、压力恢复系数等。当满足这些约束条件后，设计的后半部分与前半部分结合变为混合缩比模型。将得到的混合缩比模型进行计算模拟，如果在前半部分以及滞止点处局部非粘性速度分布与完全尺寸模型得到的结果不同，则需将后半部分进行重新设计。另外全尺寸模型的撞击特性与混合缩比模型的撞击特性也要进行比较，如果两者的撞击特性拟合得不好，则需要对后半部分进行修改直至两者的撞击特性能够得到很好的匹配。

10.5.4 带襟翼的混合模型

由于试验需要模拟各种不同攻角情况，对于10.5.3节中描述的混合模型，通常难以在多种攻角下与全尺寸模型的流场和水滴场相匹配，从而需要设计多个混合模型来进行试验。为了减少所需生产的试验件的数量，降低成本，在一定的攻角变化范围之内，可以在混合模型的后缘增加一个襟翼，通过机翼后缘的襟翼在试验过程中对流场进行局部调节。

10.6 结冰探测性能验证

结冰探测的能力与结冰探测器的性能及其安装位置相关。结冰探测器通常安装在机头，安装位置决定了结冰探测器的局部结冰条件，由于冰风洞的尺寸的限制，我们无法在冰风洞中模拟这种局部流场的影响。对于安装位置的确认通常会在自然结冰飞行试验时进行。冰风洞试验通常只对结冰探测器本身的性能进行验证。

结冰探测器的冰风洞试验可以参考SAE AS5498结冰探测系统最低性能标准的要求进行。包括以下三种条件下的性能验证，条件1是轻微结冰条件试验，用于验证最低的探测能力，条件2是严重的明冰结冰条件，用于验证探头能探测到温暖的后流条件，条件3是热载荷试验，用于验证探头能在低温高液态水含量条件下持续工作。

条件1 液态水含量：0.3 g/m^3 ±0.03 g/m^3；
静温：−20℃±2℃；
空速：120KTAS±10KTAS[①]；
水滴MVD：15 μm±10 μm；
响应时间应当小于120 s。

条件2 液态水含量：0.75 g/m^3 ±0.08 g/m^3；
静温：−3℃±2℃；

① KTAS为真空速，表示飞行器飞行时相对周围空气运动的速度。

空速：145KTAS±10KTAS；
水滴 MVD：40 μm±10 μm；
响应时间应当小于 90 s。

条件 3 液态水含量：1 g/m^3±0.1 g/m^3；
静温：−30℃±2℃；
空速：250KTAS±10KTAS；
水滴 MVD：20 μm±10 μm；
响应时间应当小于 20 s。

如果上述条件对于结冰探测器或试验设施来说并不合适，则在局方批准的情况下可以使用其他条件，只要能满足同样的验证目的。

10.7 冲压空气涡轮性能验证

冲压空气涡轮可在紧急情况下放出，利用飞机滑行时的冲压空气驱动，产生电源和液压源，保证飞机在丧失所有正常电源的情况下依然有保证飞机继续安全飞行和着陆最基本电力和液压需求。

冲压空气涡轮叶片结冰后，其驱动效率将降低。冰风洞试验的目的是验证冲压空气涡轮在结冰条件下的功率输出仍然满足其最低性能要求。

由于冲压空气涡轮只在规定的飞行速度区间内才能正常工作，低于特定的速度时，由于转速太低，无法输出足够的功率，这时通常使用蓄电池供电。飞行速度越快，冲压空气叶片的总温越高，越不容易结冰，因此，在选择冰风洞试验参数时，为了保守起见，应当选择更低的速度。针对特定冲压空气涡轮的试验参数应当通过分析计算进行初步筛选，并通过冰风洞试验进行确认，通常需要覆盖附录 C 包线内的不同温度、液态水含量和水滴直径参数。根据经验，在 MVD 为 20 μm，温度为−30℃左右时的结冰对冲压空气涡轮的功率输出影响较大。

10.8 机翼防冰性能的验证

机翼防冰系统的冰风洞试验主要用于验证分析计算的准确性，在试验条件足够真实的情况下，也可以直接用于表明对 25.1419 等相关条款的符合性。

10.8.1 试验件

在制作试验件时，首选需要选择合适的截面(见图 10－7)，对于机翼防冰系统，通常选择最靠机身外侧的截面。这主要是基于以下几个方面的考虑：

(1) 外侧的机翼截面厚度和弦长更小，对冰风洞的堵塞也更少，能更好地代表真实飞行状态下的流场。

(2) 考虑防冰喷管供气温度和压力沿翼展方向上的下降，外侧截面的防冰能力

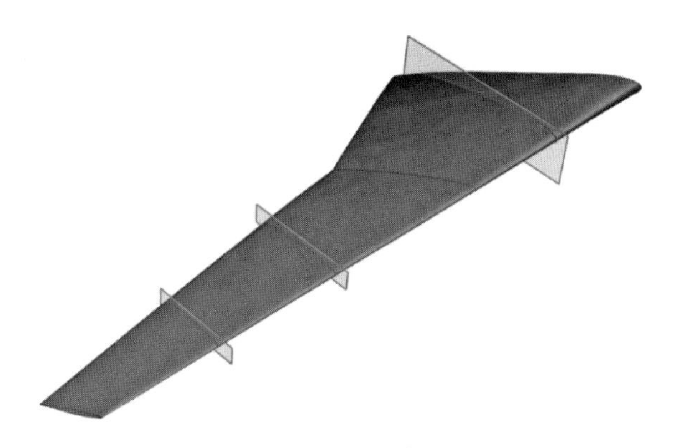

图 10-7 机翼试验截面选取

更差。

(3) 外侧机翼厚度更薄,具有更高的水收集率,并且水收集集中在更小的前缘部分,这意味着具有更小的面积来加热和蒸发撞击水。

对于短舱防冰系统,同样考虑防冰系统供气温度和水收集率的影响,选择对防冰性能最不利的截面。

选取好合适的截面后,需要将截面拉伸到一个合适的长度以便在冰风洞中安装。目前的做法包括 2D 拉伸和 2.5D 拉伸(见图 10-8)。所谓 2D 拉伸是指将机翼截面沿垂直方向拉伸,2.5D 拉伸是指将机翼截面沿后掠角方向拉伸。

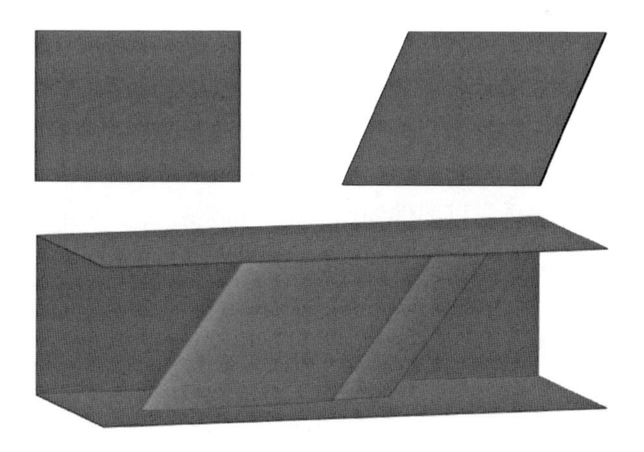

图 10-8 2D 和 2.5D 拉伸模型

2.5D 模型能够在一定程度上模拟气流和水滴沿展向的流动,但是由于冰风洞尺寸的限制,这种展向流动与实际飞行并不一样。更常用的是 2D 模型,相对 2.5D 模型来说,2D 模型的制作和安装相对更简单,也更容易确定驻点的位置。

模型内一般需要包括与实际飞机一致的防冰腔和防冰供气喷管，在模型蒙皮内表面和防冰腔内部沿弦向布置热电偶，控制防冰喷管的供气温度和压力，采集热电偶得到的温度数据。模拟各种飞行阶段的防冰系统供气以及攻角等状况，包括爬升、保持、下降、单发交叉引气等情况下，验证机翼防冰系统的加温能力。

模型一般包括三个部分：前缘、机翼盒段和尾缘襟翼。试验模型的前缘要可以反映真实机翼的结构和热力学特征，机翼尾缘的襟翼在试验过程中可以用来调节局部流场。对于襟翼的控制可以使用电子继动器和齿轮，在控制室内对其进行控制。

10.8.2 测量仪器

使用压力传感器测量机翼前缘表面压力分布，使用热电偶测量表面的温度分布。热电偶一般安装在试验模型的中间翼展处，外部的测压孔可考虑排布在沿翼展的30%处。在安装传感器的时候要考虑到安装细节，可将传感器的线排布在加工好的槽道中，将热电偶使用高温粘合剂粘贴在测温表面。另外，将热流传感器嵌在前缘内表面测量热空气和表面的对流换热热流量。

关于引气气流的温度和压力测量，可在模型笛型管的进出口处进行测量。但如果在笛型管内压力孔发生泄漏或者阻塞，所测得的压力值就不正确。在计算温度损失时，可使用引气管道的温度降低量和笛型管进出口的温度降低量计算。

在试验的过程中需要对模型表面进行录像，以观察表面的冰积累情况，在试验结束时还需要对试验模型的表面进行拍照。因此，在试验过程中还需配备有录像和拍照的设备。

10.8.3 试验步骤

水滴撞击和外部热力学分布都会受到海拔的影响，所以风洞条件要进行适当的调整以确保在适航审定中提到的飞行条件下动力学和热力学相似。相似性要求冰/水膜热力学相似以及加热表面的热流和水滴撞击的动力学相似。

在试验之前，通过分析飞机部件外形理论上得到表面压力分布。然后在模型安装过程中还要考虑其试验的气体动力学相似性。为了确保试验时的压力分布与之前分析预测得到的压力分布相匹配，需要合理设置模型的攻角以及调整襟翼位置。通常情况下，存在一个襟翼角可使机翼模型上表面的压力系数与实际的相匹配，同时存在另一个不同的襟翼角使得机翼模型下表面的压力系数相匹配。逐渐改变机翼模型攻角和襟翼位置，测量得到一个压力矩阵。为了得到匹配的前缘压力系数分布并确保模型滞止点位置与真实机翼的滞止点位置最大程度的匹配，使用压力分布矩阵优化襟翼位置。

试验时，首先确定试验模型的安装（攻角和襟翼位置）以及不喷雾状态下的风洞参数（空速、空气温度），并使这些试验条件稳定一段时间，检查机翼盒段前端喷管温度与风洞空气总温差在10℉以内。然后打开喷雾系统，紧接着开启防冰系统，在试验过程中，记录机翼前缘的温度分布，并观察是否存在残留冰和后流冰。如表面存在冰积聚，应当在试验结束之后，关闭防冰系统并降低风洞温度，以保护模型表面形成的冰形。相关的工作人员对得到的照片进行分析处理，测量冰的形状和冰的厚度。

需要注意的是，在同样的速度条件下，风洞内的气流通常比实际飞行情况下具有更高的紊流程度，这种情况下加强了防护表面与外界之间的传热，试验得出的蒙皮温度比实际值更低，除冰效果也比实际差。

10.8.4 试验判据

根据设计要求，通常需要机翼上表面为完全蒸发，机翼下表面可以存在后流冰。

10.9 短舱防冰性能验证

对于较小的短舱进气道，可以直接安装在冰风洞内进行试验(见图 10－9)。对于涡轮螺旋桨发动机的进气道，由于进气量相对较小，甚至可以模拟发动机的内流。

图 10－9 发动机进气道冰风洞试验

但是，对于更大的发动机进气道，通常无法直接放在冰风洞内。这时，可以参考机翼防冰系统的冰风洞试验方法。选取若干关键的截面，设计成混合缩比翼型，然后进行 2D 拉伸，从而使其可以在冰风洞内进行试验。具体的试验方法可参考 10.8 节。

对于较大的进气道，一般无法模拟发动机的内流，试验条件与真实的流场有较大差异，因此，对于大型涡轮风扇发动机进气道，冰风洞试验通常不会直接用于表明防冰系统性能的符合性，而是作为对分析方法的试验确认。

10.10 螺旋桨防冰性能验证

螺旋桨叶片的转动会引起复杂的流场，并且桨叶气流和水滴的展向流场强烈，一般难以通过 2D 的模型对此进行验证。但是由于螺旋桨的尺寸通常较大，因此使用常规的冰风洞对螺旋桨防冰性能进行全尺寸的验证通常比较困难，而开敞式风洞能较好地解决螺旋桨防冰的验证。

DOT/FAA/AR-06/60 介绍了一种全尺寸螺旋桨的冰风洞试验方法(见图 10-10),试验在美国麦金利气候实验室进行。

图 10-10　螺旋桨防冰试验

气候实验室用于产生试验所需的低温,一个开环的风扇和喷雾装置模拟飞行速度和所需的液态水含量及水滴直径。

10.11　探头防冰性能验证

10.11.1　试验件及其安装

试验件必须满足设备供应商确定的验收试验大纲。验收试验大纲是在每件产品上进行的用于表明其满足性能规范的产品试验。防冰系统的性能以及后面描述的结冰试验应当选择在加温性能是验收试验大纲所能接受的最低值的设备上进行验证。这可以通过调节试验电压、加温循环和/或任何其他适用的参数来完成。

必须表明安装在风洞内的试验设施与飞机上的相当。尤其需要注意的是,探头的安装方式必须保证安装座的热沉能力等于或大于飞机上安装时的热沉能力。在冰风洞试验期间可以测量表面温度以验证热分析,并允许对由于风洞的限制而未达到的条件进行外推。

10.11.2　冰风洞参数的修正

对探头防冰的性能进行冰风洞试验验证时,相关的试验参数必须进行适当的修正,以便使真实条件与冰风洞条件之间符合相似关系(如由于压力和尺寸缩比的差异等)。申请人需要对上游条件进行修正,以便确保探头所处位置的当地液态水含量符合试验规定的值。当试验在无高度调节的条件下进行时,应当对系统的功率、外部空气动力和大气条件进行调节,以便尽可能地代表所需的高度条件。

规章条款规定的结冰参数是来流值,与飞机上的安装无关。局部的水含量值(探头安装位置)需要根据飞机周围的流线特征确定。尤其是由于机身的气动影响,在探头位置可能会出现水含量增强的现象。

局部条件应当根据许多参数确定，可包括如下几方面。

(1) 飞机特征：①A/C 机身外形；②探头在飞机机身上的位置(x, y, z 坐标)；③飞机速度和高度(爬升、巡航、下降……)。

(2) 环境条件特征：①类型(过冷水滴、过冷大水滴、冰晶、雨滴)；②尺寸(0～2 000 μm)；③密度。

(3) 探头特征：支柱长度。

关于颗粒的类型和尺寸，局部水含量的计算应当考虑颗粒尺寸在真实大气中实际存在的全部分布，即使风洞试验是在一个给定的单一尺寸(过冷水滴为 20 μm，冰晶为 150 μm，水滴为 500～2 000 μm)下进行。局部条件还可能受到固态颗粒的“附面层效应”和“破碎效应”或者大液态颗粒的“飞溅效应”影响。由于目前没有能代表冰晶颗粒轨迹及其具体影响的模型，应当基于技术发展最新水平对此进行评估。

为了覆盖飞机的飞行包线，试验条件应当在不同的马赫数和攻角值下进行。申请人有责任为用于试验的相关工作条件(马赫数、攻角和模式)选择在下面云矩阵中选择每个条件，并证明其合理性。

10.11.3 加温功率

试验期间提供的热功率应当是探头在飞机上预期的最小值。通常比探头的名义额定电压值低 10%是可接受的。条款 25.1326 要求当探头加温系统不工作或者功能不正常时为飞行机组提供告警。探头防冰系统的性能，应当在触发驾驶舱指示的最小加温功率下得到验证。

10.11.4 工作模式

对于具有不同工作模式的探头，如防冰和除冰等，应当使用不同的试验对探头的工作模式进行评估。对于防冰试验，应当假设暴露在结冰条件之前探头加温开关处于“打开”位置。对于除冰模式，探头的防冰必须处于“关闭”位置，直到探头上积聚 0.5 in 的冰为止。对于除冰模式的冰晶试验，由于通常无法观察到冰积聚，试验前应当与局方就处于“关闭”状态的时间期限达成一致。根据以往经验，1 min 不加温的时间期限已经被接受。如果在所有运行场景下(包括所有签派情况)，探头加温系统都是在飞机上电时自动启动并且无法在飞行期间转换为手动操作，则无需对该模式进行试验。

10.11.5 试验条件

1) 过冷水条件

对于以下建议的试验点，其目的是提供在 25 部附录 C 结冰包线内最临界的条件，但是申请人可能还需要进行临界点分析来判断是否需要使用其他不同的值。

(1) 稳定条件。稳定的液态结冰试验条件如表 10-6 所示。

表 10-6 稳定的液态结冰试验条件

试验编号	大气静温/℃	高度范围/ft	高度范围/m	液态水含量/(g/m^3)	持续时间/min	平均体积直径/μm
SL1	−20	0～22 000	0～6 706	0.22～0.3	15	15～20
SL2	−30	0～22 000	0～6 706	0.14～0.2	15	15～20
SL3	−20	4 000～31 000	1 219～9 449	1.7～1.9	5	15～20
SL4	−30	4 000～31 000	1 219～9 449	1～1.1	5	15～20

表 10-6 中来流液态水含量的值是根据 25 部附录 C 和 20 μm 或 15 μm 水滴直径对应的值确定的。考虑到局部收集效率是 MVD 和附面层相关的探头位置的函数，并且 15 μm 比 20 μm 的 MVD 具有更高的来流液态水含量值，申请人应当确定会导致在探头处最高局部液态水含量的条件，并以此进行相应的试验。

由于大部分冰风洞是按照 20 μm 的水滴直径进行校准的，因此使用最高的局部液态水含量和 20 μm 的水滴直径进行试验是可以接受的。

(2) 循环条件。应当在表 10-7 中的每个温度条件下进行单独的试验，试验由下面任一循环的重复次数组成：

① 在(a)列合适的温度下飞行 28 km，然后在(b)列合适的温度下飞行 5 km，持续进行 30 min。

② 在(a)列合适的温度下飞行 6 km，然后在(b)列合适的温度下飞行 5 km，持续进行 10 min。

表 10-7 循环液态结冰试验条件

试验编号	大气静温/℃	高度范围/ft	高度范围/m	LWC/(g/m^3) (a)	LWC/(g/m^3) (b)	MVD/μm
SL6	−10	17 000	5 182	0.6	2.2	20
SL7	−20	20 000	6 096	0.3	1.7	
SL8	−30	25 000	7 620	0.2	1.0	

2) 过冷大水滴条件

根据探头的设计特征，水滴尺寸与其他参数(特别是液态水含量)相比可能不是关键因素。过冷大水滴条件的 0.18～0.44 g/m^3 液态水含量大部分已经被附录 C 的连续最大液态水含量(0.2～0.8 g/m^3 之间)和间断最大液态水含量(0.25～2.9 g/m^3之间)所覆盖。

如果能够表明附录 C 的过冷水条件是更临界的，过冷大水滴条件下的试验可能不是必要的。如果对此存在疑问，申请人应当提出一组临界试验点来充分覆盖过冷大水滴条件。

3) 冰冻条件

正如 5.9.3 节中所指出的,CS-25 附录 P 的总水含量(TWC)是基于由对流定义的绝热直减率从海平面的 90%空气相对湿度到更高的高度,并根据 17.4 n mile 的标准云乘以系数 0.65。

服役事件表明在 30 000 ft 以上的冰冻条件下发生的几起空速管结冰事件在高度和外界温度方面超出了附录 P 的范围。基于这种情况,图 5-14(对流云冰晶包线)应当扩展到包含 ISA+30℃的条件。另外,报告的一起事件发生在-70℃的温度下,由于试验模拟设备的限制,因此在这么低的温度下进行试验可能是不可能的。但是,由于已经观察到冰晶条件的存在,在较高温度下试验数据的外推可用于评估在该最低温度下预计的探头加温性能。

另外,基于包括欧洲民用航空设备组织(WG-89)在内的若干信息来源,局方认为附录 P 提供的 17.4 n mile 标准云及其对应的平均总水含量数据可能不足以提供对于飞行仪表外部探头试验来说最保守的条件。

应当考虑总水含量的"最大"或"峰值"数据,而不是附录 P 提供的"17.4 n mile"值。这些最大或峰值数据可从 DOT/FAA/AR-09/13 文件中获得。相当于"17.4 n mile"值乘以系数 1.538(1/0.65)。"最大"总水含量值如图 10-11 所示。

试验至少 2 min 的暴露时间,这是需要达到一个稳定状态和稳定条件的最短时间。

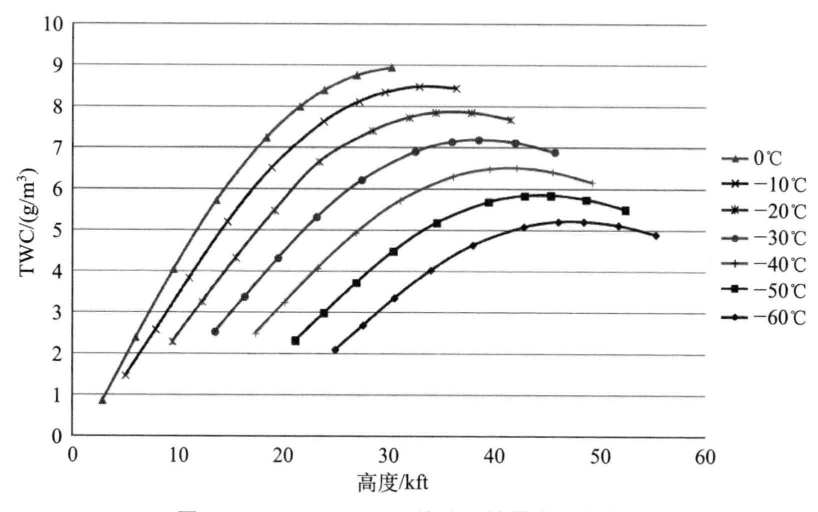

图 10-11 17.4 n mile 结冰云的最大总水含量

4) 混合相条件

服役事件表明若干起空速管结冰事件是在 20 000~30 000 ft 之间的混合相条件下发生的,超出了附录 1 规定的高度和外界温度。

基于包括欧洲民用航空设备组织在内的若干信息来源，局方认为应当考虑“2.6 n mile”的总水含量值，而不是“17.4 n mile”的值，25 部附录 C 间断最大条件提供了 2.6 n mile 冰云的数据。

“2.6 n mile”的值是由“17.4 n mile”的值乘以 F 系数 1.175 给出的，如图 10-12 所示。

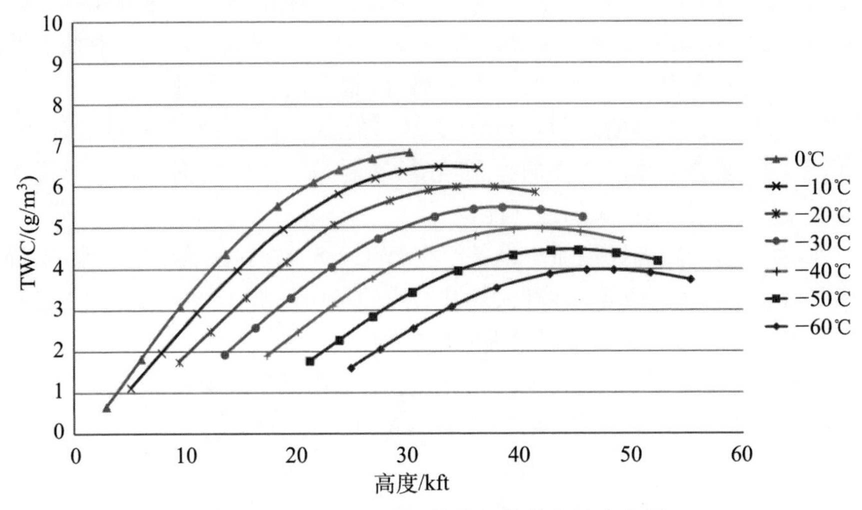

图 10-12　2.6 n mile 结冰云的最大总水含量

通常认为−40℃以下不存在液态水条件，因此，在−40℃以下无须考虑混合相条件的试验。

试验至少 2 min 的暴露时间，这是需要达到一个稳定状态和稳定条件的最短时间。

5) 雨滴条件

空速指示系统必须在条款 25.1323 规定的大雨条件下进行评估。低于 10℃条件下的试验是可接受的。如果可以证明由较高的环境温度导致的蒸发率升高不会降低试验的严酷性，则试验可以在更高的温度下进行。雨滴试验条件如表 10-8 所示。

表 10-8　雨滴试验条件

高度范围		液态水含量	水平范围		MVD
/ft	/m	/(g/m³)	/km	/n mile	/μm
0～10 000	0～3 000	1	100	50	500～2 000
		6	5	3	
		15	1	0.5	

10.11.6 试验判据

在防冰试验开始或在除冰试验中一旦结冰保护启动后，探头的输出应当快速稳定在正确的值。申请人和局方应当在试验前对该值达成一致，并且只要在结冰保护维持工作期间就必须一直保持正确。如果观察到波动，但申请人评估对飞机级没有影响时，则可以认为是正确的。另外，对于空速管，特别是在冰晶或混合相试验期间，应当观察到测量的压力没有被“冻住”(压力信号没有任何噪声，即完全平直)，该现象表明内部出现堵塞。每次试验后，应当收集积聚在探头连接管处的水并进行评估。当探头安装在飞机上时，从探头中收集的水量(即在管路中空气传送到电子设备)不应当干扰输出的正确性。

对于大气总温探头，由于总温探头的固有功能，将温度传感器设计足够的加温能力，既保证其在整个 CS－25 附录 P 的结冰环境下具有足够的加温能力又能精确测温，也许是不可能的。在这种情况下，只要探头功能的不正常不会妨碍持续安全飞行和着陆，温度探头在部分 CS－25 附录 P 的结冰环境下不能提供完全的保护是可以接受的。

10.12 冰形的提取

非防护部分以及防护部分失效情况下的冰形，通常也需要进行冰风洞试验进行验证。除了没有防冰系统的工作以外，试验件的制作和试验步骤可参考 10.8.1 节和 10.8.3 节中相关的方法和思路。

在进行冰风洞的结冰试验时，需要测量得到的冰形，从而在接下来的试验中可使用模拟的冰形进行试验，并研究分析结冰对飞机气动性能和操稳品质带来的影响。

10.12.1 热刀法

目前，热刀法是使用较为广泛的测量冰形横截面轮廓的方法。该方法是通过将加热后的铜质金属片插入欲测冰块的横截面，使得冰块融化并产生一条缝隙。将标尺纸插到所得缝隙中，然后使用铅笔或者钢笔，将冰的外部轮廓描绘在标尺纸上。

该方法简单易行，所需要的工具也很简单，但是该方法同时存在很多缺点。首先，在使用铅笔或者钢笔描绘冰的轮廓时，铅笔和钢笔笔尖易碰到冰，从而破坏冰横截面轮廓上的微小结构，因此该方法无法得到较为精细的测量结果。另外，由于得到的冰外形轮廓线是二维的，其无法满足分析结冰生长分析的三维测量需求。通常情况下需要进行多次试验并对不同位置处冰块进行切割。

当然，也可以使用拍照设备对截面处的冰形进行拍照。此时先利用热刀将所结冰在测量截面处切断，使用数码相机采集切面冰形，再利用图像识别软件数字化冰形。在用数码相机进行拍照的时候要注意在照片中放置参照物，以方便后期的分析。

10.12.2 基于线结构光的测量

在对冰形随时间变化进行分析时，需要得到较为精细的冰形三维信息。同时精细化的冰块三维形状信息对提升结冰条件下飞机气动性能计算精度也有着非常重要的意义，因此，发展用于结冰生长过程中冰形实时三维测量技术有着迫切的需求。

目前在工业三维测量领域广泛使用的激光投射可以用来对冰形轮廓进行测量，激光器投射的线激光具有亮度集中、图像对比度高等优点。激光器先垂直投射激光在冰面上，从而产生一束激光光条，激光光条受到冰面高度调制而发生形变。此时摄像机通过一定的角度拍摄激光光条，然后采用图像处理的方法提取激光光条的中心线，并根据事先标定好的激光平面与摄像机之间的几何位置关系计算得到激光光条中心线三维坐标，该三维坐标在激光平面上的投影即为该光条处冰块横截面轮廓。基于线结构光的冰横截面轮廓测量原理如图 10－13 所示。

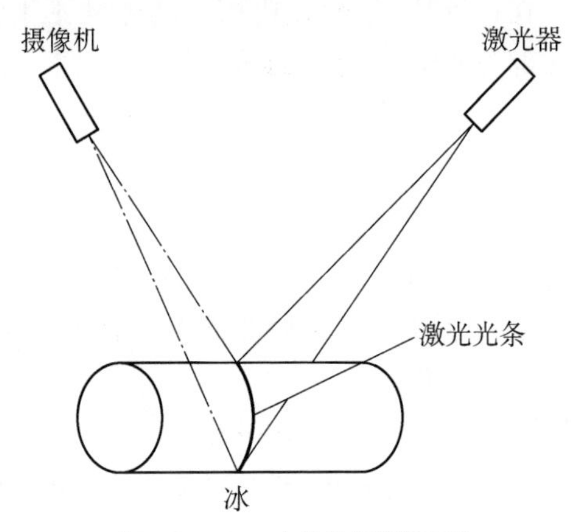

图 10－13 冰结构测量原理

另外，还需要考虑到影响线结构光测量精度的主要因素，主要分为两个方面：测量系统的标定精度和激光中心线提取精度。因此，该方法带来的测量误差主要来源于激光中心线提取误差。因为在提取中心线时，冰块对激光线反射较弱，难以得到高对比度激光线图像。针对该问题，需要对测量系统的光学系统进行一些改进。可使用黑白摄像机，采用与线激光相同波长的光学滤波片，从而提高线激光图像能量、降低图像背景噪声。也可调整摄像机的视野范围，使冰块完全覆盖成像区，从而提高摄像机像素的利用率。或者通过改变摄像机位置，使其对准激光主反射方向，提高进入摄像机中的激光反射能量。

10.12.3 三维冰形扫描

1）所需设备

在对冰形进行三维扫描的过程中要用到三种部件，分别是扫描仪及其相关设备、画图装置以及磁力座。可以用笔记本电脑驱动扫描仪，并选择操作性强和处理算法鲁棒性强的软件。通常情况下扫描用的笔记本电脑的配置要求高于普通标准的商用笔记本，需要带有较高配置的图形显卡。画图设备包括喷枪，而磁力座是用来固定扫描仪的位置。

2）试验准备

在这一阶段，有一系列的工作需要做，包括对冰积累进行拍照、锁定模型、遮盖模型、绘制模型以及调节风洞灯光。并要求在扫描过程中模型不发生移动。

由于冰是透明的，所以在扫描冰形前可对冰进行着色。即便是霜冰，对于光学扫描仪其透明性也会影响结果。因此使用特殊的着色剂对积聚冰进行上色是很有必要的。另外在喷涂着色剂的过程中要避免在叶片的非金属部分过分喷涂，可对模型进行适当的遮盖。

当结冰试验结束，需要提取冰形时，第一步是将相关的扫描仪器运输入风洞，开启软件并建立连接。在扫描之前需要将风洞中较亮的灯光和其他照明设备关闭，因为这些较亮的灯光会减弱着色冰和激光之间的差别。当然，在试验段一些必要的灯光还是可以保持打开状态。

3）扫描

在扫描的过程中，可选择扫描压力面、吸力面以及前缘的水平和垂直方向。扫描仪按照一定的速度移动，并且数据持续地被记录。

最后运用图像处理软件对得到的数据进行处理。

参考文献

[1] SAE. SAE ARP5905 Calibration and acceptance of icing wind tunnels [S]. SAE, 2018.

[2] 王梓旭，沈浩，郭龙，等. 3 m×2 m 结冰风洞云雾参数校测方法[J]. 实验流体力学，2018，32(2).

[3] Miller D R, Potapczuk M G, Bond T H. Update on SLD engineering tools development. NASA/TM-2004-213072 [R]. NASA, 2004.

[4] Anderson D N, Tsao J C. Ice Shape Scaling for Aircraft in SLD Conditions NASA/CR-2008-215302 [R]. NASA, 2008.

[5] Abbott I H, Von Doenhoff A E. Theory of wing sections [M]. Courier Corporation, 1959.

[6] Mundo C, Sommerfeld M, Tropea C. Droplet-wall collisions: Experimental studies of the deformation and breakup process [J]. International Journal of Multiphase Flow, 1995, 21(2): 151-173.

[7] Al-Khali K. Assessment of effects of mixed-phase icing conditions on thermal ice protection systems [R]. FAA, 2003.

[8] Irani E, Al-Khalil K. Calibration and recent upgrades to the cox icing wind tunnel [C]//46th AIAA Aerospace Sciences Meeting and Exhibit. 2008: 437.

[9] Al-Khalil K, Salamon L, Tenison G. Development of the cox icing research facility [C]// 36th AIAA Aerospace Sciences Meeting and Exhibit. 1998: 97.
[10] 王宗衍. 冰风洞与结冰动力学[J]. 制冷学报,1999(4): 15-17.
[11] 董威,朱剑鋆,周志翔,等. 航空发动机支板热滑油防冰性能试验[J]. 航空学报,2014,35(7): 1845-1853.
[12] Herman E. Goodrich icing wind tunnel overview, improvements and capabilities [C]//44th AIAA Aerospace Sciences Meeting and Exhibit. 2006: 862.
[13] Vecchione L, Dematteis P, Leone G. An overview of the cira icing wind tunnel [C]// Sciences Meeting and Exhibit. 2003.
[14] 张雪苹. 飞机结冰适航审定与冰风洞试验方法[D]. 南京: 南京航空航天大学,2010.
[15] 孟繁鑫. 机翼结冰模拟中关键问题的研究[D]. 南京: 南京航空航天大学,2013.
[16] 林贵平. 飞机结冰与防冰技术[M]. 北京: 北京航空航天大学出版社,2016.
[17] Saeed F, Selig M S, Bragg M B. Design of subscale airfoils with full-scale leading edges for ice accretion testing [J]. Journal of Aircraft, 1997,34(1): 94-100.
[18] AIAA. Swept-Wing Ice Accretion Characterization and Aerodynamics [C]// Aiaa Atmospheric and Space Environments Conference. 2013: 355-363.
[19] 王斌,刘桂华,张利萍,等. 基于线结构光的冰横截面轮廓测量[J]. 实验流体力学,2016,30(3): 14-20.
[20] Kreeger R E, Tsao J C. Ice shapes on a tail rotor [C]//6th AIAA Atmospheric and Space Environments Conference. 2014: 2612.
[21] Saeed F, Selig M S, Bragg M B. Design of subscale airfoils with full-scale leading edges for ice accretion testing [J]. Journal of Aircraft, 1997,34(1): 94-100.
[22] 符澄,宋文萍,彭强,等. 结冰风洞过冷大水滴结冰条件模拟能力综述[J]. 实验流体力学,2017,31(4): 1-7.

11 飞 行 试 验

在完成相关的计算分析和地面试验后，应当通过飞行试验进一步验证。典型的结冰验证飞行试验包括用于验证防冰系统性能的干空气飞行试验、验证飞行性能和操纵品质的人工冰形飞行试验、自然结冰飞行试验，以及用于确认失效状态下影响分析的飞行试验等。

为了使飞行试验结果具有代表性，对于验证防冰功能的飞行试验，机翼、短舱和风挡防冰系统部件应当是最终的构型，包括材料、尺寸等，发动机引气或者电加温热功率应当是最终值。对于验证结冰条件下的飞行操纵品质和性能的飞行试验，飞行控制系统、飞机的气动构型应当是最终状态，包括飞机的控制率、缝翼卡位设置、机翼的气动外形等。在试验前，应当对飞机进行制造符合性检查，确认飞机构型满足试验大纲的要求，对于与试验大纲有偏离的部分，应当确认其对试验结果有效性的影响。

测试参数包括前缘蒙皮温度、供气温度、供气压力、供气流量、校准空速、压力高度、外界空气温度等，所有测试仪器必须通过校验，并且在有效期内。

11.1 防冰系统干空气飞行试验

防冰系统干空气飞行试验的目的是检查机翼、短舱和风挡防冰等系统正常运行状态下的功能，获得热力学相关数据，用于确认防冰腔内流、笛形管流量分配、对流换热系数等热分析仿真模型的正确性，根据需要对热分析仿真模型进行微调。同时检查引气对发动机和飞机性能的影响，确认在整个发动机功率范围内，防冰系统最大引气不会对发动机的运行造成有害的影响。

对于热空气防冰系统，防冰空气流量和供气温度的测量可以用来确定系统的可用热量。通过测量数据与理论分析数据之间的比较，可以证明结冰保护系统可以提供足够的结冰保护能力。例如，干空气中测得的表面温度，可以用来推测飞行中最大可能的前缘表面温度、系统的传热特性和结冰保护系统的可用热能。供气温度也可以用来验证所选择的结冰保护系统的材料是合适的。

对于电热防冰系统，应当监控防冰系统的电流、电压和表面温度，保证在系统上施加有足够的功率，测量获得的表面温度可以用来修正分析预测的数据。对风挡来说，应当在白天和晚上运行时对透明表面的能见度进行评估，包括光学畸变效应，需要评估防护区域的尺寸和位置是否能提供足够的能见度，尤其是在飞行的进近和着陆期间。

对于使用气动除冰套除冰的系统，试验应当演示防冰系统工作压力的上升和下降，在允许的膨胀时间内应达到膨胀压力，同时要求除冰罩收缩真空度能得以保证。应当在飞行中使除冰套在附录C包线的最小温度（−22°F）下以及最高的供气温度下工作，以演示其在整个飞行包线内有合适的性能并且在充气和放气期间不会发生破损。另外，在干空气飞行试验期间需要确认除冰套的膨胀不会对飞机的性能和操纵品质产生有害的影响。

防冰系统干空气飞行试验通常包括正常飞行剖面的爬升、保持和下降阶段的运行条件。试验点的选取应当覆盖不同的飞行高度，并保持一段时间使温度稳定。由于湿气的存在会影响表面的温度，因此试验应当在湿度低的地方进行。

11.2 人工冰形飞行试验

11.2.1 概述

人工冰形飞行试验的主要目的是通过若干个临界冰形验证飞机的操纵品质和飞行性能满足25部B分部相关条款的要求。包括性能（V_{MIN}、V_{s1g}和阻力特性等）、操纵品质（机动性、纵向稳定性和航向稳定性等）、低速操纵特性（V_{MIN}、V_{s1g}和失速告警裕度等）、纵向配平、着陆和复飞能力等。另外，人工冰形飞行试验还用于验证雷达罩等部件上的结冰不会对皮托静压管、压力源、失速警告和攻角传感器的工作造成不利的影响。

在结冰表面安装的人工冰形不会像自然冰形那样由于侵蚀、脱落和升华等原因而改变，可以在稳定的干空气中评估飞机的性能和操纵品质，带模拟冰形的干空气飞行试验能显著减少飞行试验的数量。

人工冰形飞行试验应当非常谨慎地进行，必须有充分的分析、风洞试验结果作为支持，以便为人工冰形下飞机性能和操纵品质提供足够的信心。

11.2.2 冰模的制作

从飞行性能和操纵品质的角度出发，冰模的外形和粗糙度是关键参数，而重量并不是关键参数。因此，在冰模制作时主要考虑这两个参数。

通常情况下，升力面上的冰形计算采用2D截面进行，截面沿顺气流方向（见图11-1）或垂直于前缘方向，冰风洞试验亦采用相应的二维模型。为了获得整个翼展方向上的3D冰形，常用的方法是对若干个截面上的冰形按照部件的气动外形特征进行插值处理。对于较小的3D部件，例如雷达罩、天线等，可直接通过3D计算分析获得所需的冰形。

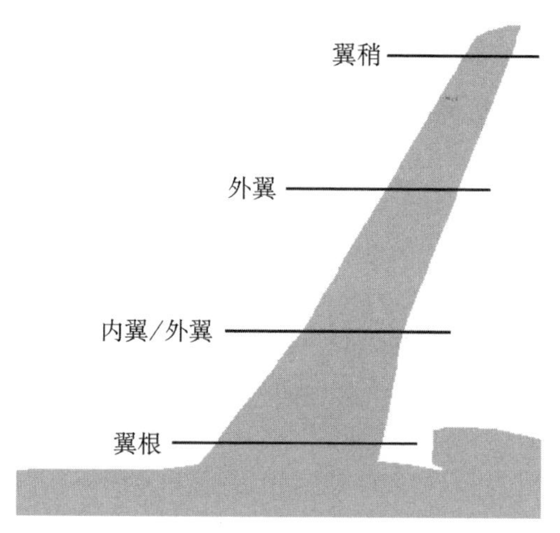

图 11 - 1　机 翼 截 面

冰形制作没有一个统一的标准，常用的材料有硬聚合泡沫、树脂、玻璃纤维等。对于冰形的粗糙度，AC 20 - 73A 附录 R 指出，对于延迟冰形，可使用 40 号金刚砂纸模拟，40 号金刚砂的颗粒直径为 425 μm。对于大的冰形，粗糙度颗粒的高度至少是 3 mm，密度至少为 8～10 个/cm²。AC 20 - 73A 未对后流冰的粗糙度进行定义，工程上，可使用高度至少是 1 mm，密度至少为 8～10 个/cm² 的粗糙度颗粒。各种形式的粗糙度如图 11 - 2 所示。

图 11 - 2　各种形式的粗糙度

对于除冰系统的循环间结冰粗糙度，目前没有很好的指导，只能通过冰风洞试验获得，DOT/FAA/AR－06/48 研究显示，循环间结冰粗糙度具有相当大的随机性，循环间结冰粗糙度如图 11－3 所示。

图 11－3　循环间结冰粗糙度

11.3　喷水机飞行试验

11.3.1　概述

喷水机飞行试验可以作为冰风洞试验的补充，用来确认防冰和冰形分析计算结果。

喷水机可用于确定撞击极限、确定未防护表面的冰形，尤其是难以通过分析代码确定的复杂 3D 表面的冰形、评估防冰系统的小改、确认防冰系统的防护能力并获取防护表面在结冰条件下的温度。

通常可用于验证冰风洞内无法达到的速度状态，以及确认由于缩比和冰风洞内洞壁干扰造成的影响。对于通常由于尺寸限制无法进行冰风洞试验的部件，例如风挡和结冰探测器的安装位置，喷水机试验也能起到很好的验证作用。

使用喷水机是一种比较安全的结冰验证方法，一方面，因为冰云范围的有限性，飞行员可以很容易地在发现问题的时候离开结冰云，并且可以在自然结冰飞行前发现潜在的问题，从而降低项目的研制风险和费用。当然，另一方面，由于冰云范围的局限，喷水机试验只能验证相对较小的部件，例如探头、空气进气口、螺旋桨桨毂、雷达罩、风挡、发动机进气口和机翼的某个截面。由于水的蒸发作用，不同距离的液态水含量差异较大，另外，由于小的水滴更容易被蒸发掉，因此不同距离的 MVD 值也会有较大差异，在试验时应当严格控制试验机与喷水机的距离。通常可通过一架安装有标定设备的飞机在不同的距离上完成冰云参数的标定，然后试验飞机在距离喷水机后面一定的距离飞行，从而获得期望的结冰云。为了更方便地观察结冰的状态，可在喷水机水箱内加入染色剂，需要注意的是所选择的染色剂不能改变水滴的结冰特性，比如冰点温度等。

目前国内还没有这种喷水机，国外主要的喷水机有 KC－135 喷水机、支奴干 CH－47D 直升机结冰喷洒系统、赛斯纳喷水机、雷神喷水机和道尼尔喷水机。其中最有名的喷水机是美国空军的 KC－135 喷水机和 CH－47D 喷水机。喷水机试验如图 11－4 所示。

图 11－4 喷水机试验

11.3.2 KC－135 喷水机

KC－135 喷水机（见图 11－5）安装有一个容量为 2 000 gal[①] 的水箱和延伸到尾部下方的喷头，大约可以满足 2.5 h 的测试时间。试验时，试验飞机在喷水机的后方 50～100 ft 飞行，根据距离的不同，冰云的范围在 5～10 ft^2 之间。大部分试验飞

图 11－5 KC－135 喷水机

① gal 为容积单位加仑，1 gal＝4.546 L。

行的速度在 150～300 kn 之间，高度在 5 000～30 000 ft 之间。喷头由五圈环形管路组成，最大的直径是 44 in，最小的直径是 12 in。发动机引气经冷却到约 400°F后通过供往喷头，用于将水雾化并防止喷头结冰。总共有 100 个 Spraying Systems 公司制造 1/4J 的空气雾化喷嘴焊接在环形管路上，其中 49 个用于喷水，剩余 51 个仅用于防冰。从 1987 年开始，该喷水机进行了升级，设计了一个新的矩形喷头，该喷头可以与原先的环形喷头互换。一套激光测距系统和摄像系统安装在后机身区域。激光测距系统用于保持与测试飞机之间所需的距离。摄像系统可提供实时的测试显示。

11.3.3 CH－47D 喷水机

波音公司的支奴干 CH－47D 喷水机（见图 11－6）安装有一个 1 800 gal 的水箱和一个矩形的喷洒头，可在喷水机起飞后放下，放下后在喷水机下方 5.8 m。试验飞机在喷头后方约 180 ft 远的地方飞行时，冰云的尺寸大约为 8 ft 高 36 ft 宽。大部分试验的速度在 80～130 kn 之间，测试高度在 1 500～12 000 ft 之间，温度范围在 0℃(32°F)至－23.5℃(－10.3°F)之间。喷水机后机身安装有一个后向的雷达高度天线，可发出红、黄、绿的灯光信号，用于提示测试飞机保持所需的距离。该喷水机可用于直升机和低速的固定翼飞机。

图 11－6 CH－47D 喷水机

11.4 自然结冰飞行试验

11.4.1 概述

条款 25.1419 要求在测定的自然结冰条件下进行飞行试验，验证结冰保护的分析、检查结冰异常情况，并且演示结冰保护系统及其部件能实现预定的功能。飞行试验至少需要有一次在 25 部附录 C 的连续最大结冰包线内的暴露。该暴露应当具有充分的稳定性以获得有效的数据。在短暂的暴露期间，通常难以获得稳定的温度。实际上可能需要附加暴露以允许使用分析方法推测在临界包线条件下的情况。这些暴露期间获得的数据可用来确认所使用的分析方法和任何上述模拟结冰试验的结果。

在间断最大自然结冰条件下进行飞行试验时，可能会伴有严重的湍流并可能遭遇到会使试验飞机严重损伤的冰雹。当设计分析表明临界的结冰保护设计点(如热载荷、临界冰形、冰积聚和积聚速度等)在这些条件下是足够的，并且存在足够的地面或飞行试验数据来验证分析，那么可以不必进行间断最大结冰条件下的飞行试验。

11.4.2 结冰条件测量仪器

在进行自然结冰飞行时，应当安装有足够数量的仪器来记录飞机、系统和部件的重要参数以及所遭遇的结冰条件。包括高度、空速、发动机功率水平或速度和螺旋桨速度和桨距(如适用)、空气静温、发动机部件、发电设备、表面、夹层和任何其他受结冰保护设备、冰积聚影响的关键温度，或者是确认分析所必须的温度，液态水含量、MVD 等，另外需要安装结冰标尺，以便通过摄像和照相设备记录飞机表面的厚度和形状等情况，如图 11－7 所示。

图 11－7 结 冰 标 尺

常用的水滴测量参数有 FSSP、2D OAP、热线测量仪等。其中 FSSP 用于测量水滴直径，2D OAP 用来测量冰晶，热像仪用来测量液态水含量。

1) FSSP 探头

FSSP 是一种称为光学粒子计数器(OPC)的仪器，通过测量粒子在通过光束时散射的光强度来检测单个粒子的尺寸。仪器的工作原理如图 11－8 所示。

氦氖激光束聚焦于在来流入口中心，焦点直径为 0.2 mm。激光束的另一侧被一个“掩蔽点”阻挡，以防止光束进入光学收集器。遇到该光束的水滴会向各个方向散射光，并且有一些散射光由直角棱镜通过聚光透镜指向分束器。

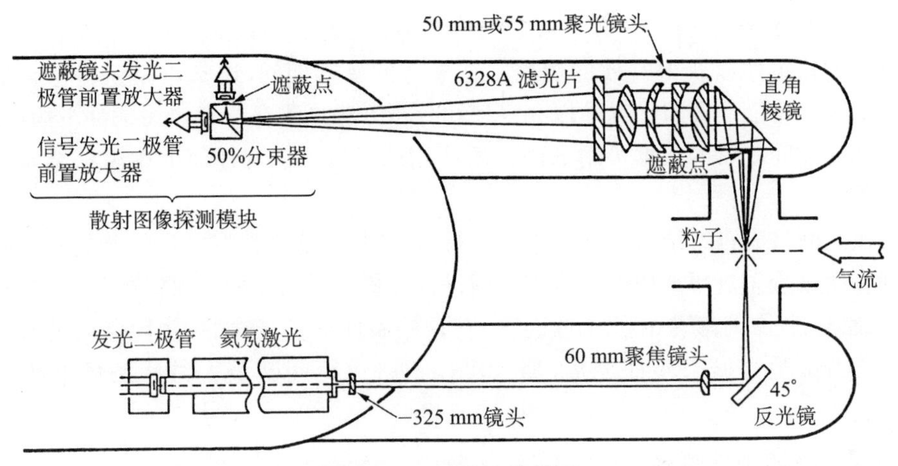

图 11－8　FSSP 工作原理

分束器将散射光分成两个分量，每个分量撞击到一个光学探测器上。其中一个光学探测器被掩蔽，只有在粒子离中心聚焦点的距离大于 1.5 mm 时才接收散射光。当来自被掩蔽的探测器的信号超过未被掩蔽的探测器的信号时，落在该区域中的粒子被排除。这确定了计算颗粒浓度所需的取样体积。通过测量光散射强度并使用米氏散射理论可确定粒子的尺寸。粒子的尺寸被归类到 15 个通道中的一个通道并发送到数据系统，在每个通道，粒子的数量根据预先设定的时间段进行累加。

当空气中含有水和冰的混合物时，必须非常小心地观察这些测量产生的尺寸分布，因为冰颗粒的折射率与水滴不同并且是非球形的，这种情况下得到的水滴直径分布是不正确的。FSSP 如图 11－9 所示。

图 11－9　FSSP

2) 2D 探头

2D 探头(见图 11－10)可记录物体通过氦氖聚焦激光束时的二维阴影。颗粒通过激光束期间的阴影被投射到线性二极管阵列上，这些二极管的开/关状态被存储下来。该信息以及自上一个粒子以来已经过去的时间被发送到数据系统并记录下来，用于航后分析。

关于粒子的形状和大小的信息是通过使用各种模式识别算法从记录的阴影的分析中推导出来的。通常在项目期间，可通过多个 2D 覆盖所关注的尺寸范围。2D-C的测量范围为 25～800 μm，2D-P 的测量范围为 200～6 400 μm。

2D 的电子响应时间会限制最小可检测尺寸。当其输出被感知改变 50%以上时，该光电二极管显示为阴影。当通过光束的粒子的速度超过探头的响应时，粒子的边缘常常会被错过，并且因此检测不到小尺寸的粒子。在 100 m/s 的速度下，2D 能检测到的尺寸下限是 30～40 μm。

由于通常遭遇的冰云的水滴浓度较小，这些仪器的取样体积相对较小。如果要进行有统计意义的测量，则需要满足最小采样时间的要求。

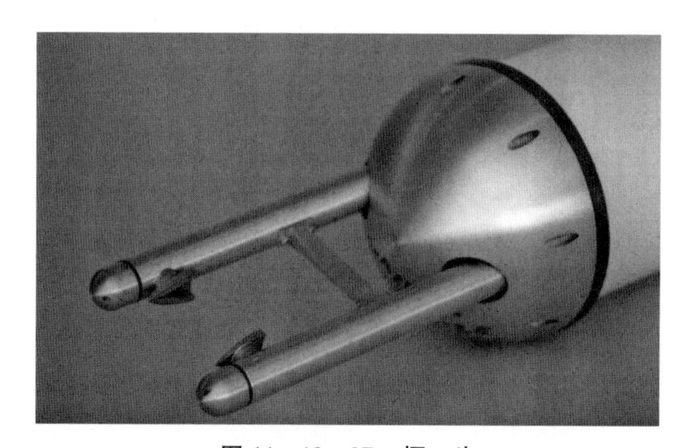

图 11-10 2D 探头

3) King 探头

King 探头(见图 11-11)的工作原理是通过测量水蒸发时吸收的热量来计算液态水含量。加热的圆柱形加热丝暴露于空气中并拦截来流中的液滴。电子设备将该传感器保持在约 130℃的恒定温度，并监控液滴蒸发时调节温度所需的功率。该功率与对流换热加上蒸发所吸收的热量直接相关。对流热换热损失的公式是已知的，随空速、温度和压力而变化。蒸发吸收的热量可由总功率损耗和对流功率损耗之间的差计算得出，从而计算出液态水含量。

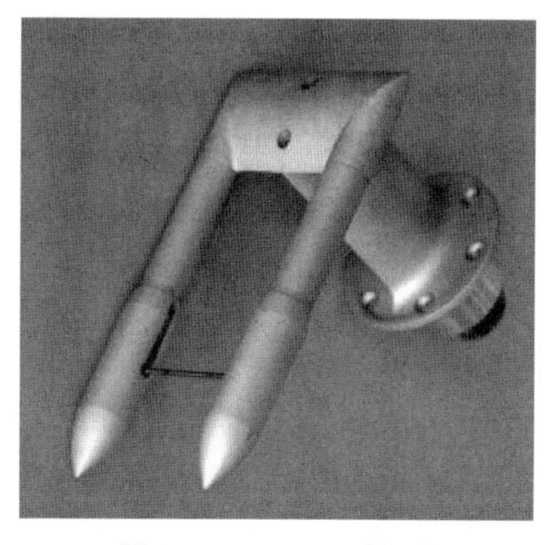

图 11-11 King 探头

对于小水滴，King 探头传感器受到收集率的限制，对于大水滴，King 探头传感器受到蒸发时间的限制。该传感器的直径约为 2 mm，而小于 10 μm 的小水滴不会以 100%的效率撞击，部分水滴将会随着传感器周围的气流流动。对于 10 μm 液滴，这种损失通常为 5%左右，但直径小于 5 μm 时则增加到 20%左右。这通常不是一个主要问题，因为水含量的最大部分通常由大于 10 μm 的液滴组成的。在大液滴侧，由于较大的液滴在获得足够的热量而气化之前会受到气流的冲击并被气流带走，King 探针在水滴直径大于 30～40 μm 时开始低估液态水含量。

4) 空客结冰测量探头

空客公司开发的探头(见图 11 - 12)能够对 10～500 μm 的粒子实时响应，探头利用光学原理，水滴的尺寸通过其在 CCD 上的阴影来测量。一个脉冲激光结合一个快速照相定格粒子的运动。通常，图像处理会舍弃在焦点之外的物体，但是由于点源的大景深，空客探头可以测量远离焦点的粒子尺寸。空客公司使用的技术增加了景深，在低水滴浓度的情况下也能有足够的采样体积来生成柱状统计图。影像处理是实时完成的，结果提供给试飞工程师。所有的数据和影像会被记录下来，用于必要时的地面补充分析。探头是可伸缩的，能够很容易地通过一个假的窗户安装在飞机上。在缩回的状态下，能够允许飞机在最大运行限制速度 V_{MO}下飞行。

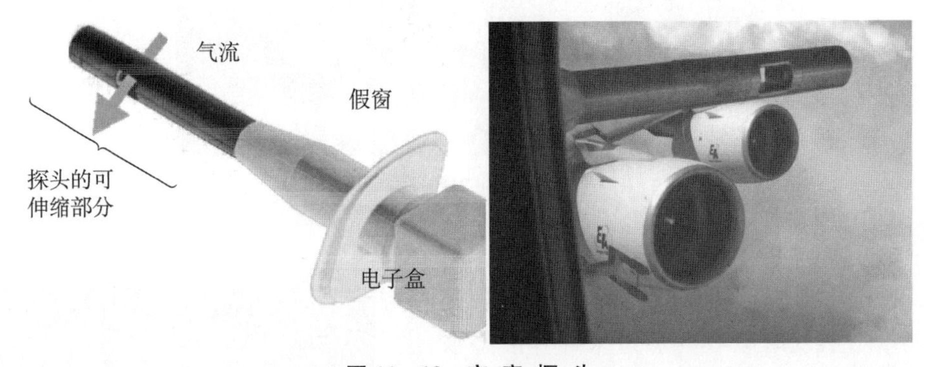

图 11 - 12　空 客 探 头

11.4.3　结冰条件的比较

25 部附录 C 图 1 和图 4 所示的包线，只有当平均距离分别为 17.4 n mile 和 2.6 n mile时才有效。在飞行中碰到的结冰云，通常都要长于或短于上述距离。如果暴露距离已经超过设计距离的 17.4 n mile 或 2.6 n mile，通过可利用的飞行试验 LWC 来推测得出它们在设计距离上会具有的值。对于遭遇结冰范围比设计距离要短的情况，应当用 F 系数曲线来调整 25 部附录 C 的 LWC 曲线，使之与飞行试验中测到的每一实际的平均距离相匹配。

将附录C图1或图4的结冰包线转换成飞行试验测试获得距离的等效值后，就可以方便地与自然结冰飞行试验采集到的参数进行比较。

由于结冰条件是一个随机的自然现象，在进行自然结冰飞行试验时并不能保证测试环境完全满足附录C确定的最大值。为了确定试飞验证有效性，对于防冰系统的试飞，通常可采用如下原则：

(1) 有一个测试点的LWC至少达到连续最大结冰包线的50%。

(2) 至少有2个测试点能够用于校核防冰系统热计算模型。

(3) 测得的MVD值在15～40 μm之间。

由于自然结冰环境是不稳定的，特别是液态水含量随时间的变化很大。而附录C条件下的飞行操纵(见11.4.4节)和发动机风扇冰脱落(见11.4.6节)评估是以时间作为标准的。例如需要评估防冰系统延迟开启的影响(通常为2 min)，评估45 min等待结冰的影响。因此，在进行自然结冰飞行试验时，需要确定实际多长时间的飞行能够与上述时间等效。等效暴露时间可通过以下公式确定：

$$T_{等效} = \int_0^T \frac{LWC_{测量}}{LWC_{附录C}} \mathrm{d}t$$

在飞行试验时，该等效时间可通过结冰数据采集处理系统计算，并提供实时参考。

11.4.4 飞行操纵

自然结冰的飞行试验并不要求验证预期冰积聚的所有方面，飞行试验应确定一般的物理特性和冰积聚位置及其对飞机性能和操稳的影响，至少应进行定性评估来确定人工冰积聚对自然大气结冰条件下获得的冰积聚是保守的，并确定冰不会在没有预期的地方出现。

在试验中因气动载荷或机翼的挠性等原因引起一些冰的脱落是可以接受的，但是，应尽快在脱离冰云后进行尝试完成试验的机动以使大气对冰脱落的影响减至最小。

在下面描述的任何机动中，飞机的表现应同带人工冰形获得的一致，不应有不正常的操纵响应或非指令的飞机运动。另外在水平转弯和反坡度横滚时应没有抖振或失速警告。

1) 等待情况

在冰防护系统正常工作的情况下，进行等效时间为45 min的结冰，进行表11-1规定的机动，评估飞机的响应。对于那些操纵面容易结冰而卡阻的飞机(如升降舵连接机构暴露在气流中)，应使用产生这种冰积聚的等待速度。

表 11-1 等待情况-机动

飞机形态	重心(c. g.)	配平速度	机　　动
襟翼收起 起落架收起	任意 (后重心范围)	等待速度,除了 1.3V_{SR} 的失速机动	水平,40°坡度转弯; 反坡度快速滚转,30°~-30°; 减速装置放下,收起; 完全直线失速(1 kn/s 减速率,机翼水平,无功率)
襟翼在中间位置 起落架收起	任意 (后重心范围)	1.3V_{SR}	以 1 kn/s 的减速率减速到失速警告开启 3 s 后的速度
着陆襟翼 起落架放下	任意 (后重心范围)	V_{REF}	水平,40°坡度转弯; 反坡度快速滚转,30°~-30°; 减速装置放下,收起(如批准); 完全直线失速(1 kn/s 减速率,机翼水平,无功率)

2) 进场/着陆情况

表 11-2 中定义的机动应在不同形态下非保护表面上连续积冰情况下进行,每次试验应在出现的冰积聚那点完成。最终冰积聚(试验条件 3)是指在结冰条件下从等待状态正常下降到着陆状态冰量的累积。

表 11-2 进场/着陆情况-机动

试验条件	冰积聚厚度*	飞机形态	重心(c. g.)	配平速度	机　　动
	最初 0.5 in	襟翼收起 起落架收起	任意(后重心)	等待	无特殊试验
1	再加 0.25 in (一共 0.75 in)	第一个中间襟翼位置 起落架收起	任意(后重心)	等待速度,除了 1.3V_{SR} 的减速机动	水平,40°坡度转弯; 反坡度快速滚转,左(右)30°~右(左)30°; 减速装置放下,收起(如批准); 以 1 kn/s 的减速率减速到失速警告开启 3 s 后的速度
2	再加 0.25 in (一共 1.00 in)	下一个中间襟翼位置 起落架收起 (如适用)	任意(后重心)	1.3V_{SR}	反坡度快速滚转,左(右)30°~右(左)30°; 减速装置放下,收起(如批准); 以 1 kn/s 的减速率减速到失速警告开启 3 s 后的速度

（续表）

试验条件	冰积聚厚度	飞机形态	重心(c.g.)	配平速度	机　动
3	再加 0.25 in（一共 1.25 in）	着陆襟翼，起落架放下	任意（后重心）	V_{REF}	反坡度快速滚转，左(右) 30°～右(左)30°；减速装置放下，收起（如批准）；40°坡度；全直线失速（1 kn/s 的减速率，机翼水平，无动力）

* 无防护且具有最高收集效率的翼型上获得的厚度

11.4.5　防护表面

在自然结冰飞行试验期间，对于防护区域来说，应当参考 11.1 节测量防护表面的温度分布、电流和电压等相关参数。观察大气数据探头如空速、攻角、总温等信号是否存在异常，风挡和侧窗是否存在冰积聚。观察机翼、发动机短舱的防护区域是否存在冰积聚或者是否在防护区域以外存在后流冰。

11.4.6　发动机风扇冰脱落

风扇冰脱落飞行试验的目的是验证自然结冰条件下发动机风扇冰脱落时驾驶舱指示，所需机组操作程序以及整个动力装置安装（发动机、进气道、进气道防冰系统）的性能。

典型的试验程序需要在以下三个飞行阶段中每个阶段进行三次风扇冰脱落试验（短舱防冰系统打开）：下降（空中慢车）、待机（维持平飞所需要的最小推力）、最大爬升，除非存在更加临界的发动机推力阶段。这些试验通常在稳定的推力下进行，有时为了能够在风扇上积聚足够的冰，需要反复穿越同一结冰云层。风扇冰脱落需要在冰积聚到一定程度时发生，不可以通过改变推力使冰脱落。考虑到发动机风扇冰自然脱落时可能伴随风扇振动超限的问题，试验中需对发动机 $N1$、$N2$ 振动值实时监控。试验过程中依据发动机 $N1$ 振动信号为主，结合声音或飞行员感受，视频监控信息综合判断风扇冰脱落的发生。如果无法准确判断三次风扇冰脱落发生，在各种发动机功率状态下，需要在试验结冰条件下飞行 45 min 且平尾结冰不低于 2 in 但不超过 3 in。试验期间发动机工作正常，无危及飞行安全的持续推力损失和不可接受的发动机损伤。按照以往的经验，申请人应建立发动机损坏标准，并在自然结冰试验之前得到审查方认可。每次风扇冰脱落之后飞机可飞出结冰云区，以消除飞机其他非防护部位上的结冰。

发动机风扇冰脱落飞行试验的判据通常为以下几点：

（1）总水收集量满足 45 min 25 部附录 C 结冰条件要求。

(2) 没有不稳定的压气机工作状态发生。

(3) 试验发动机和非试验发动机风扇刮磨层磨损和孔探检查结果符合 AMM 限制。

11.4.7 其他未防护表面

对于其他未防护表面，如起落架、空调进气口、燃油通风口等，应当在自然结冰飞行试验期间观察其冰积聚情况，确认与分析结果之间的一致性。另外，应当观察相关系统的工作情况，确认受结冰影响的系统功能正常。

11.5 失效状态的确认

对于安全性分析中没有充分证据证明影响程度的失效状态，通常需要进行飞行试验验证。灾难性的失效状态因为已经假设是最严重的状态，因此无须验证。对于失效影响是危险的失效状态，由于具有较大的风险，通常也不要求飞行试验验证，但是可能需要提供相关的分析或模拟机试验验证并提前与局方达成一致。对于防冰系统的失效，应当证明飞行机组能按照 AFM 规定的程序安全地离开结冰环境并着陆。通常需要验证的失效情况是通告的丧失两侧机翼防冰功能和完全丧失窗户加温功能，如果未通告的丧失单侧机翼防冰功能失效影响定义为较低的等级，也需要对此进行验证。

11.5.1 完全丧失窗户加温功能

该试验模拟的是窗户加温功能丧失后，前风挡被冰覆盖丧失视界，侧窗起雾的情况。

试飞在非结冰条件下进行，试验时，将试飞员一侧主风挡遮蔽，保留另一侧主风挡的视界，以便在试飞员发现通过侧窗视界降落困难的情况下由副驾驶接管，降低试飞的风险。

如果安装可开侧窗，在 10 000 ft 左右的安全高度解除座舱增压，则验证飞行中可打开侧窗，并能够利用侧窗视界安全着陆。如果安装不可开侧窗，则评估飞行员人工除雾的可行性，并利用侧窗视界安全着陆。

11.5.2 通告的丧失两侧机翼防冰功能

对于通告的丧失两侧机翼防冰功能，安装的人工冰形包括未防护表面 45 min 等待冰形和防护表面上的失效冰形(22.5 min 或实际逃离时间)。中等偏轻的重量，后重心位置，对称燃油加载。

进行如下试飞科目：

(1) 以下列形态，在规定的速度配平。使用正常反向操纵进行左右 30°坡度的滚转。进行 1.5g 的拉起机动和到 0.5g 的推杆机动。

① 高升力装置收起形态(如不同，或等待形态)：等待速度，平飞相应的功率或

推力。另外,打开和收起减速装置。

② 进场形态:进场速度,平飞相应功率或推力。

③ 着陆形态:着陆速度,着陆进场相应的功率或拉力(拉起限制为 1.3g)。另外,进行直到相应于飞机型号和 AFM 着陆程序中的侧滑角的稳定航向侧滑。

(2) 在下列的形态下,在预计的 1.3V_{SR}配平飞机。以 1 kn/s 的减速率减速到失速警告后 1 s,使用与非结冰条件下一样的改出机动演示快速改出。对于不可能的失效状态,失速警告以不同方式(如通过飞机的响应而不是抖杆器)提供是可以接受的。

① 高升力装置在收起位置:直线/无功率。

② 着陆形态:直线/无功率。

(3) 按照飞行手册的进场和复飞程序进行一次全发工作的进场和复飞。

(4) 按照飞行手册相应的进场和着陆程序进行一次全发工作(除非单发不工作情况会导致更临界的可能失效情况)的进场和着陆。

11.5.3 未通告的丧失单侧机翼防冰功能

对于未通告的丧失单侧机翼防冰功能,安装的人工冰形为未防护表面 45 min 等待冰形,以及一侧防护区 45 min 等待冰形。飞机构型和试验程序要求同 11.5.2 节的规定。

参考文献

[1] FAA. Aircraft Ice Protection (AC 20 - 73A) [S]. FAA, 2016.

[2] FAA. Performance and Handling Characteristics in the Icing Conditions Specified in Part 25, Appendix C. (AC 25 - 25) [S]. FAA, 2007.

[3] SAE. Airborne Icing Tankers (SAE ARP 5904) [S]. SAE, 2002.

[4] FAA. Turbojet, Turboprop, and Turbofan Engine Induction System Icing and Ice Ingestion (AC 20 - 147) [S]. FAA, 2004.

[5] Edward Emery, Gregory L. Kok. Icing Sensor Probe. NASA/TM - 2002 - 211368 [R]. NASA, 2002.

[6] Jeck R. Cloud Sampling Instruments for Icing Flight Tests: (3) Cloud Droplet Sizers [J]. Mariners Mirror, 2006,50(2): 154 - 155.

[7] Jeck R. Cloud Sampling Instruments for Icing Flight Tests: (2) Cloud Water Concentration Indicators [J]. Mariners Mirror, 2006,50(2): 154 - 155.

[8] Roques S. An airborne icing characterization probe: nephelometer prototype [J]. Smart Materials & Structures, 2007,16(5): 1784.

12 结冰计算软件

12.1 结冰的计算方法

结冰过程是一个涉及两相流动、相变、换热的复杂过程。根据结冰的物理过程，结冰计算可分成四部分：空气-水滴两相流计算、水滴撞击特性计算、结冰热力学计算、结冰后的网格重构。

12.1.1 空气-水滴两相流的计算方法

在结冰计算中目前广泛采用的两相流计算方法主要有欧拉-拉格朗日法和欧拉-欧拉法两种。结冰气象环境下，空气中水滴的体积分数约为 10^{-6}，因此结冰计算中一般认为两相的关系为单向耦合，即空气相影响水滴相的运动过程，而水滴相不影响空气相的运动。因此无论哪种方法，都可先计算空气场，在空气场的基础上计算水滴场。空气场的计算一般求解 N-S 方程，也可采用势流理论求解流场。在水滴场计算之前，需要对问题进行一定的简化，一般需要对水滴的形状、物性、运动行为做出规定。采用拉格朗日法计算水滴运动时，根据牛顿第二定律建立水滴相控制方程，进行求解；采用欧拉法计算水滴场时，则需要引入容积分数的概念，再根据质量守恒和牛顿第二定律建立水滴相的连续方程和动量方程。

12.1.2 水滴撞击特性计算

水滴撞击特性计算的目的是为了获取表面的水量，为结冰热力学计算做准备。水收集系数是描述水滴撞击特性的一个重要参数，其含义为表面实际收集的水量与最大可能收集的水量之比。欧拉-拉格朗日法计算时需要大量插值运算，计算复杂，并且对三维构型计算困难，但是由于其物理意义非常清晰，早期开发的计算软件使用很多，如 LEWICE；而欧拉-欧拉法在计算收集系数时相对简单，计算量小，近年来使用较为广泛，这一方法比较有代表性的软件如 FENSAP-ICE。

12.1.3 结冰热力学计算

结冰热力学模型是结冰计算的基础。目前被广泛采用并被工程实践所大量检验的模型是 Messinger 结冰热力学模型。这一模型最早由 Messinger 提出，后经

NASA 改进和发展。美国 LEWICE、英国 DRA、法国 ONERA 和意大利 CIRA 等结冰软件都是采用的这一模型。Messinger 模型的核心是质量守恒和能量守恒，但由于没有动量方程，因此对明冰工况下表面水膜的流动不能进行准确的描述。加拿大麦吉尔大学的 Habashi 教授课题组对表面水膜的流动进行了假设，提出了浅水模型(shallow water model)，其核心思想仍在 Messinger 模型的框架内。Myers 基于润滑理论提出了计算薄水膜流动、凝固的方法，对水膜建立了连续、动量、能量方程，相变过程由 Stefan 条件描述，这一方法目前尚未见有任何工程应用报道。

12.1.4 网格重构

根据获取的表面结冰量，重新计算表面的节点位置。一般假设冰形沿着积冰表面的法向生长。根据新的节点位置，构建新的几何外形。

12.2 结冰计算软件介绍

在飞机结冰研究领域，近些年来结冰数值模拟技术发展较快，国际上相继出现了一些较为成熟的结冰数值模拟代码和软件，且已应用于工程实际中，下面将对 LEWICE、FENSAP 和 ONERA 结冰计算软件做简要的介绍。国内高校和相关研究机构也对结冰数值模拟进行了广泛的研究，计算结果能较好地匹配试验数据。但是由于国内起步较晚，目前在实际的工程应用方面的实例较少。

12.2.1 LEWICE

在众多的积冰计算软件中，以 NASA 的 Glenn 研究中心的计算代码 LEWICE 最为著名。在美国 Lewis 结冰研究中心(NASA Lewis Icing Research Center)和美国戴敦大学研究院(University of Dayton Research Institute)签署研究合同之后，美国联邦航空局于 1984 年 10 月注入研究经费，研究工作正式起动。项目的研究目的是为在任意的结冰计算工况下，研究准定常情况下的结冰过程，形成一套可靠的软件代码，预测二维翼形上所形成的冰形。最初的 LEWICE 是用面元法求解势流场，仅能计算霜冰，Cebeci 等将边界层计算和势流计算耦合起来，从而引入了粘性效应，为了考虑压缩性，Potapczuk 将流场计算模块发展成可求解 Euler 方程，后来 Potapczuk 等又将对二维 N-S 方程的求解算法引入到 LEWICE 中，并同时包含了网格生成的功能；除了流场计算模块的改进，Wright 基于实验，对 LEWICE 的其他方面也进行了改进，包括多尺寸水滴分布计算和多段翼积冰的模拟等。

在 1990 年，美国 NASA 的 Lewis 结冰研究中心以报告的形式出版了结冰预测软件 LEWICE1.0 的用户手册，LEWICE1.0 版可以方便地计算二维翼形结冰，可分时间步长计算；采用势流理论计算流场，无须生成网格；采用拉格朗日法计算水滴轨迹及撞击特性，同时可以计算单水滴直径、多水滴直径分布条件下的撞击情况；基于边界层积分法计算对流换热系数、采用 Messinger 模型分析结冰增长过程中的传质传热和热质平衡问题；手册中将楔形冰的计算结果与实验数据进行了对比；列出了计算程序的详细使用方法。后来，Lewis 结冰研究中心对该软件进行了不断的改进和完善，加入了三维结冰模型，产生了 LEWICE 3D 软件。

12.2.2 FENSAP

该软件适用于各种飞机、发动机短舱、探头以及探测器等的结冰飞行安全验证。FENSAP - ICE 软件由五个模块组成：FENSAP 模块是一个基于有限元法的三维 N - S 方程求解器；DROP3D 模块是基于有限元法的三维欧拉液滴碰撞求解器；ICE3D 模块是基于三维有限体积的积冰生长求解器；Opti-Grid 模块是三维网格自适应模块及 CAD 重构工具；CHT3D 模块是用于防/除冰计算的三维耦合求解器。这五个模块的组合使得该软件可完成流场的气动计算、水滴撞击计算、结冰计算、气动力衰减计算和防/除冰热传导载荷计算。另外，该软件具有很多优点，其可以进行并行计算，即可缩短计算所用时间；有着良好的用户界面设计以及五个模块的合理组合，从而获得良好的用户体验；有着较为强大的后处理功能，可得到良好的后期图像输出结果。但同时，该软件缺少足够的实验数据结果对比，而且在网格的划分上依赖于 ICEM - CFD 软件，使得网格重构问题没有得到解决，在模拟计算时，没有充分地考虑大水滴撞击和结冰表面复杂的换热情况。

12.2.3 ONERA

从 1980 年开始，法国航空航天研究中心(Office National d' Etudesetde Recherzhes Aerospatiales, ONERA)研究发展了结冰数值模拟的计算代码，该代码的主要研究思想和技术方法与美国 NASA 的基本一致。目前该代码可以完成三维和二维情况下的结冰计算。但是对于三维结冰计算，不能进行分时间步长的冰形预测。

上述不同国家的结冰数值模拟软件使用的计算方法不尽相同。其中 FENSAP - ICE 较其他软件有较大的差别，FENSAP - ICE 的空气流场计算是求解 N - S 方程，而其他软件采用的是 Euler 方程(LEWICE 在 1991 年以后也是通过求解 N - S 方程得到空气流场)；FENSAP - ICE 的水滴轨迹模拟是求解空气-水滴两相流方程得到的，并采用了考虑结冰表面粗糙度的一个方程湍流模型，结冰模型考虑了结冰表面水膜流动，而其他软件的结冰模型都是采用了 Messinger 的控制容积法。另外，LEWICE 结冰计算软件采用了边界层积分，并考虑了表面粗糙度对流动和换热的影响，ONERA 也在混合长度湍流模型中加入了粗糙度影响的修正。

自 2000 年以后，国内开始对结冰数值模拟展开一系列的研究，起初研究主要集中在对二维翼型的研究，2010 年以后，逐渐出现了三维结冰数值模拟方法的研究，研究对象也逐渐由二维机翼向三维复杂部件延伸，如进气唇口、整流帽罩等。

12.3 结冰计算软件的认可

12.3.1 计算结果的评估

理论上,可将计算得到的结果与相应的试验得到的冰形进行比较,从而得到结冰计算程序的准确性评估。但是,所有结冰代码预测的冰形在形状、厚度和位置与试验值之间都会存在一些差异,在这种情况下,我们如何评估代码计算结果的可接受性呢?在工程实践中,可以使用代码保守性评估的方法来确认,申请人应当表明根据结冰分析方法所选择的冰形是偏保守的。SAE ARP5903 中给出了八个针对冰形计算代码准确性判断的参数和五个针对水滴撞击代码有效性判断的参数,如表 12-1和表 12-2 所示。

表 12-1 冰形评估参数

序号	参数	单位	代码保守性(相对数据集)
1	上层(吸力面) 冰角顶点厚度(高度)	—	等同或更大高度
2	上层冰角角度 (上层顶点厚度处)	角度	临界位置
3	下层(压力面) 冰角顶点厚度(高度)	—	等同或更大高度
4	下层冰角角度 (下层最大厚度处)	角度	临界位置
(注意,前四个参数假定冰角存在,情况并非总是这样的)			
5	总的冰截面面积	—	等同或更大面积
6	前缘最小厚度	—	等同或更小厚度
7	上层冰极限	$\%x/c^*$	等同或更大 x/c
8	下层冰极限	$\%x/c^*$	等同或更大 x/c

* 当地部件弦长比值

表 12-2 水滴撞击评估参数

序号	参 数	单位	代码保守性(相对数据集)
1	上层撞击极限(吸力面)	$\%x/c^*$	等同或更大 x/c
2	下层撞击极限(压力面)	$\%x/c^*$	等同或更大 x/c
3	总的水收集效率 E	—	等同或更大量级
4	最大当地水收集效率,β_{max}	—	等同或更大量级
5	水收集效率(β)曲线	—	等同或更不利的 β 分布

* 当地部件弦长比值

12.3.2 软件文档

对于软件开发者，应当编写相关的软件文档。包括代码用户手册、用户可得到的报告、软件标准文档、设计文档以及软件中注解语句的文件。这些用户可得到的文档应该包括每个用户选项的细节说明，以及如何使用软件证明其声明的每个功能的一些例子。用户选项的说明在正确使用输入上应该特别清晰，此输入最影响解的有效性。对特定情况（如机翼的某些类型或某些流动环境），也应该特别注意可用于校准软件的输入。手册应该描述或引用描述理论、假设和软件限制的文档，并且手册应该清晰声明软件功能的预期范围。开发过程中建立的文档（如软件标准和设计文档）不是监察局或用户必需的，并且实际上某些情况中可能视为私有的。但是为了跟踪和维护，建议在软件的整个生命周期内改进和更新这些文档。

12.3.3 代码的使用

在使用已有的代码进行计算时，要了解认识到使用的代码的适用范围，在一些超出使用范围的情况下，可对代码进行修正说明。并且在选择使用某结冰计算代码前，应确认其已投入过使用并得到认可，同时认真理解程序软件的管理和用户技术。

如同所有工具，在放心使用水滴撞击和冰积聚代码前，需要一个熟悉阶段。没有哪个代码是十分简单的，许多代码要求专业用户来生成可接受的结果。不同用户间的结果的差异源于所有结冰代码要求输入数据并且输入数据在一定程度上取决于代码用户的事实。

参考文献

[1] Crowe C T, Schwarzkopf J D, Sommerfeld M, et al. Multiphase flows with droplets and particles (second edition) [M], CRC Press, 2012.

[2] Colin S Bidwell, David Pinella, Peter Garrison. Ice Accretion Calculations for a Commercial Transport Using the LEWICE3D, ICEGRID3D and CMARC Programs. NASA TM - 208895 [R]. NASA, 1999.

[3] Morency F, Beaugendre H, Baruzzi G S, et al. FENSAP-ICE: A Comprehensive 3D Simulation System for In-flight Icing, AIAA 2001 - 2566 [R]. AIAA, 2001.

[4] Hedde T, Guffond D. Improvement of the ONERA 3D Icing Code and Comparison with 3D Experimental Shapes. AIAA 92 - 0169 [R]. AIAA, 1993.

附录　飞机结冰审定流程

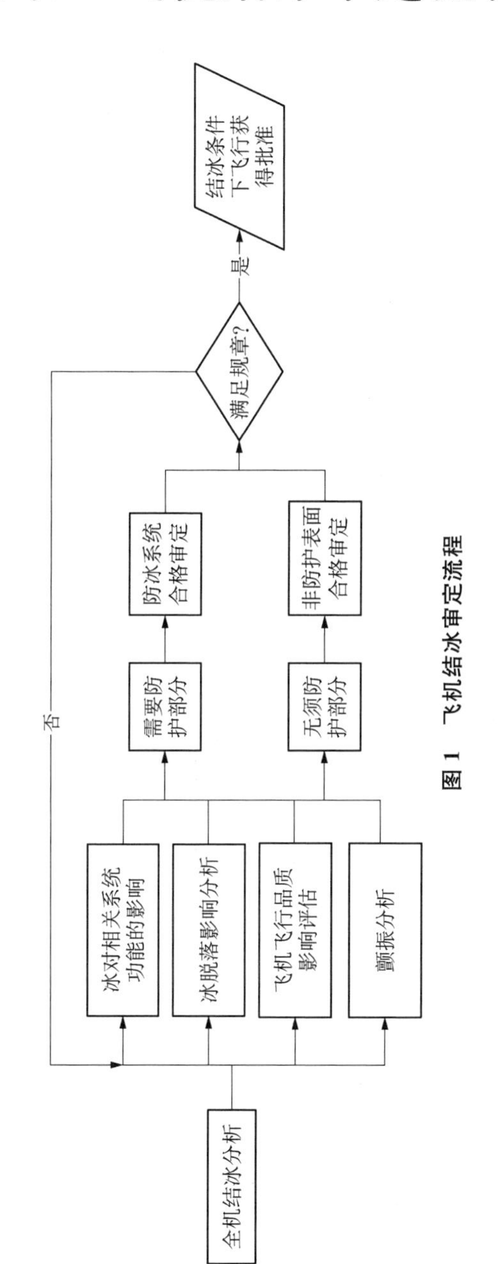

图1　飞机结冰审定流程

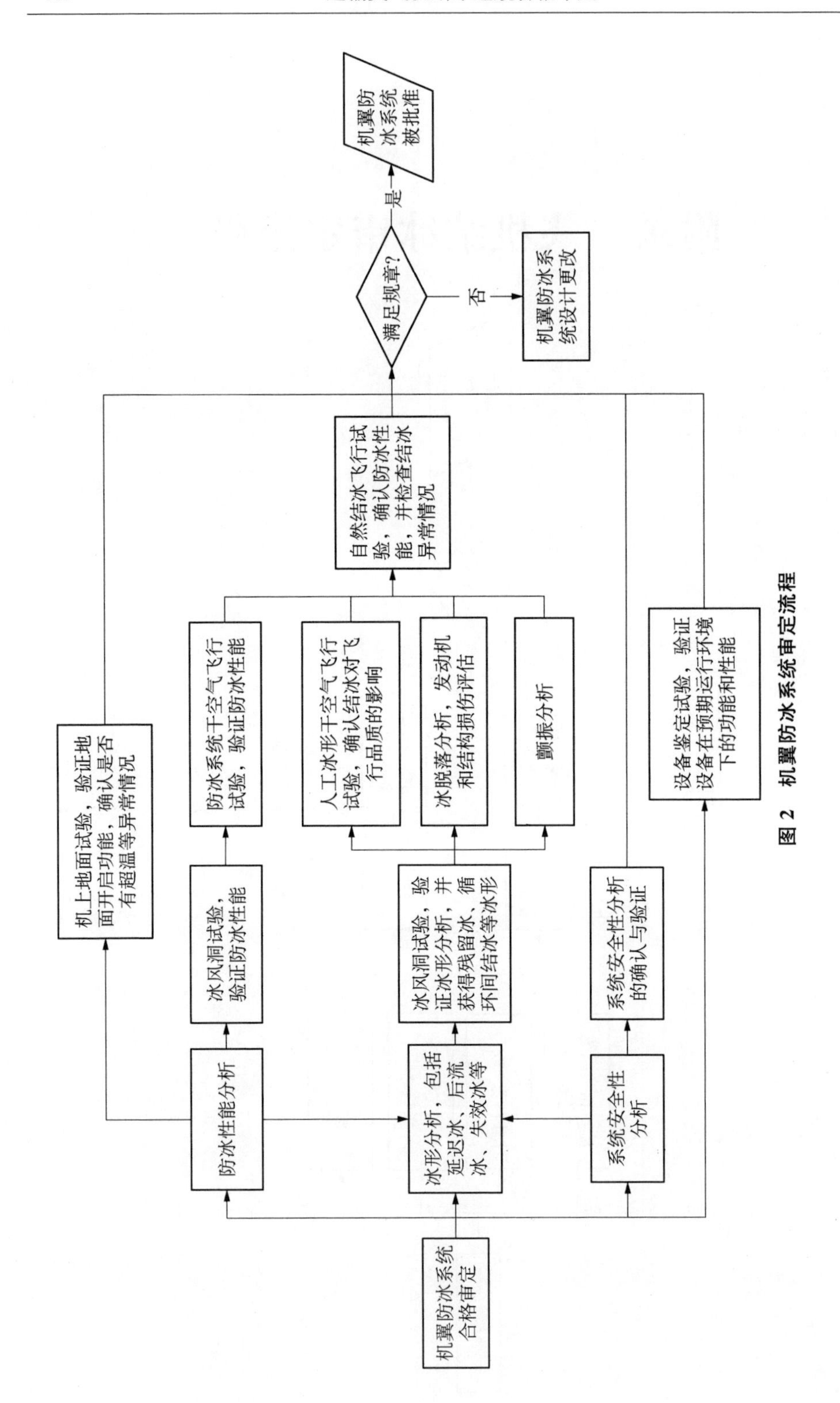

图 2 机翼防冰系统审定流程

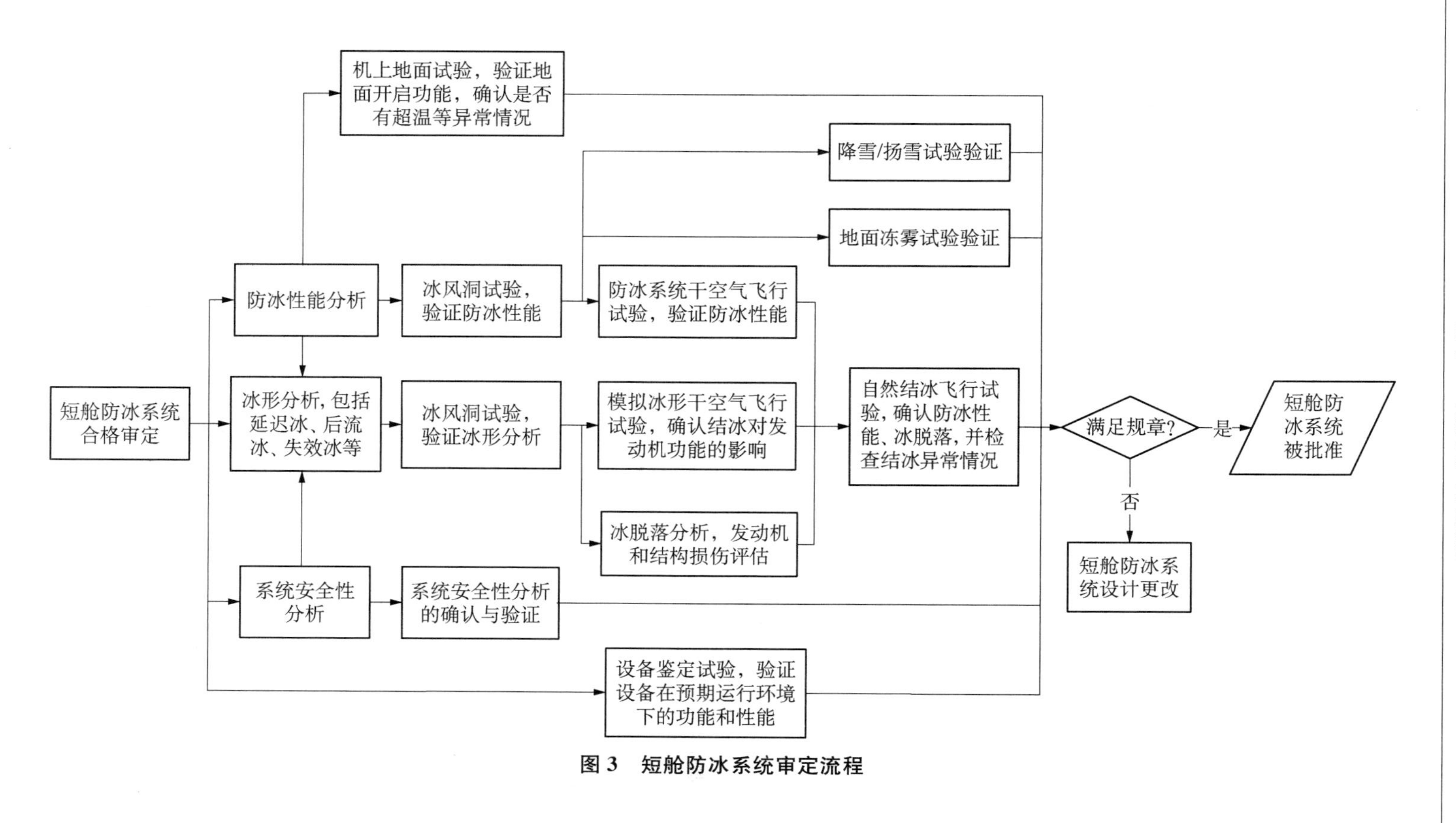

图 3　短舱防冰系统审定流程

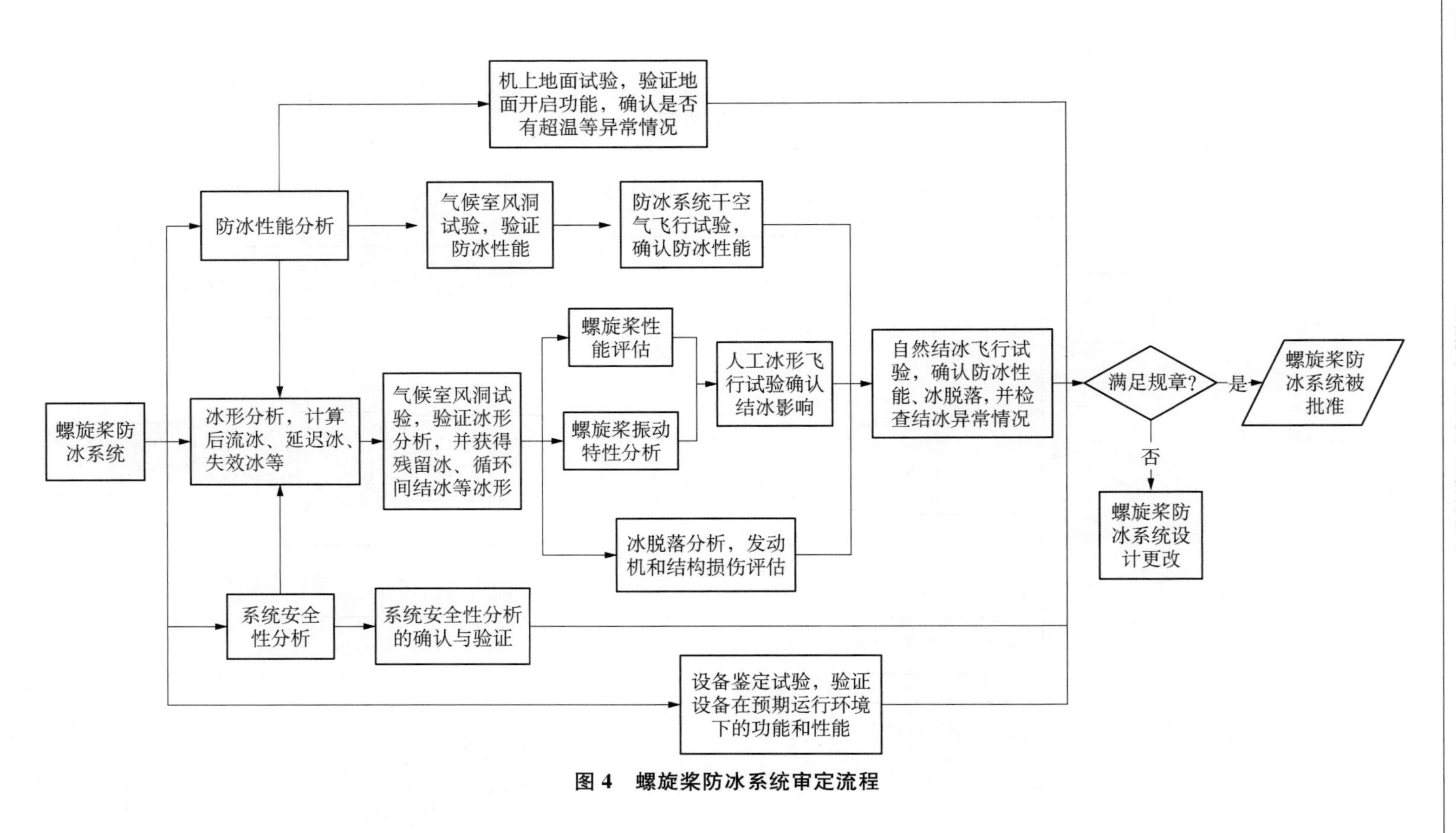

图 4　螺旋桨防冰系统审定流程

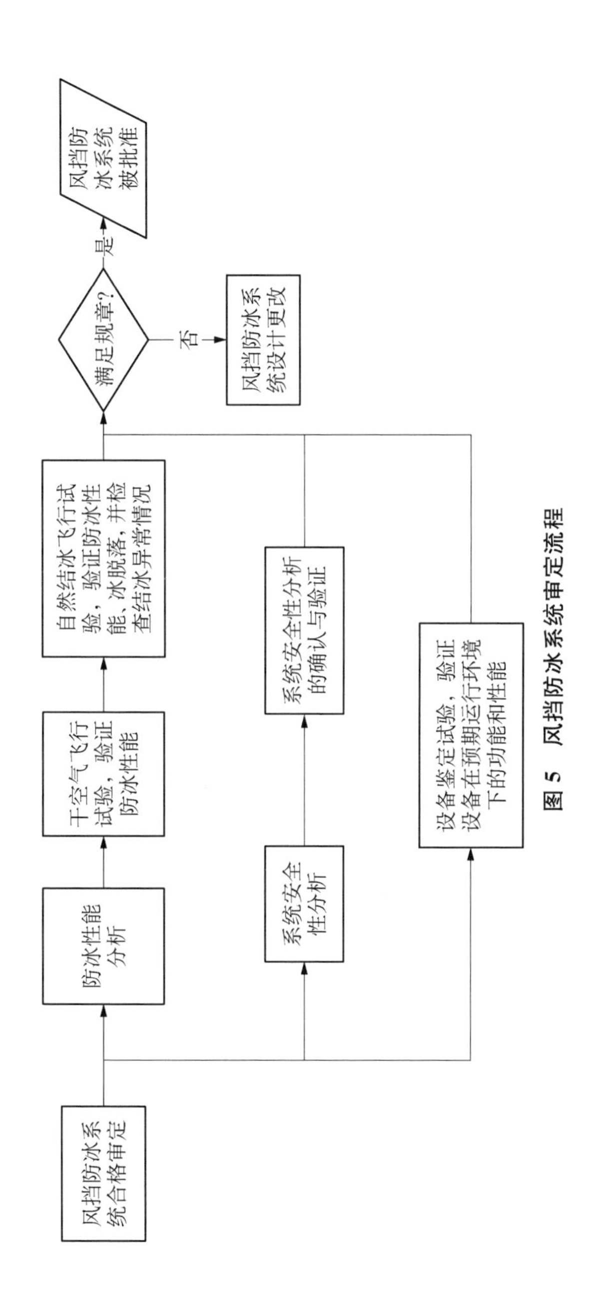

图 5　风挡防冰系统审定流程

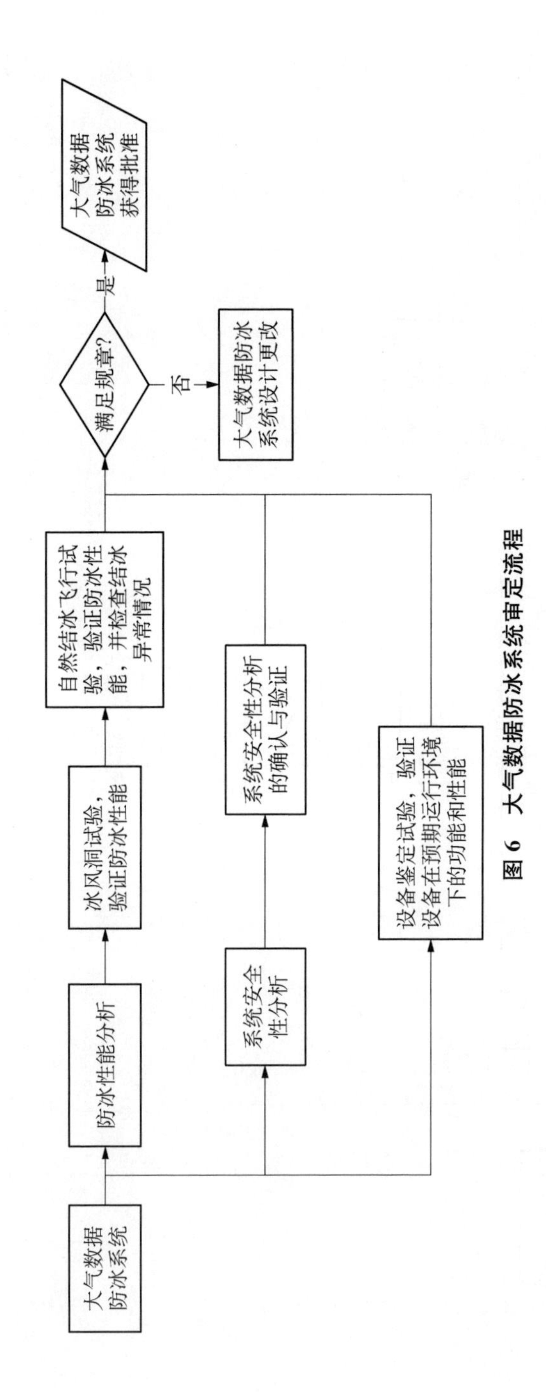

图6 大气数据防冰系统审定流程

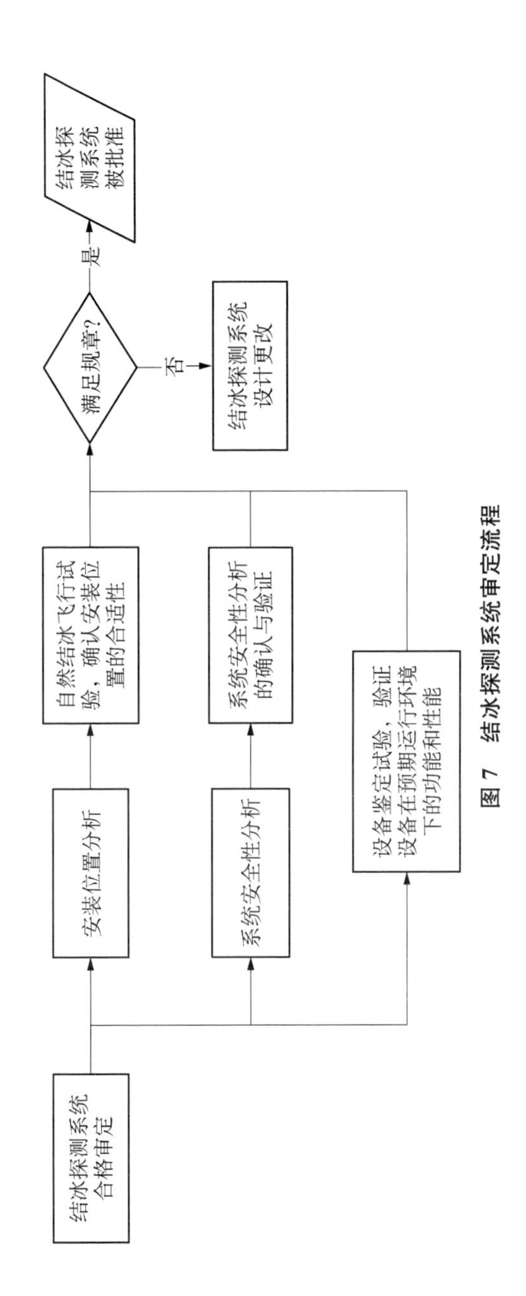

图 7　结冰探测系统审定流程

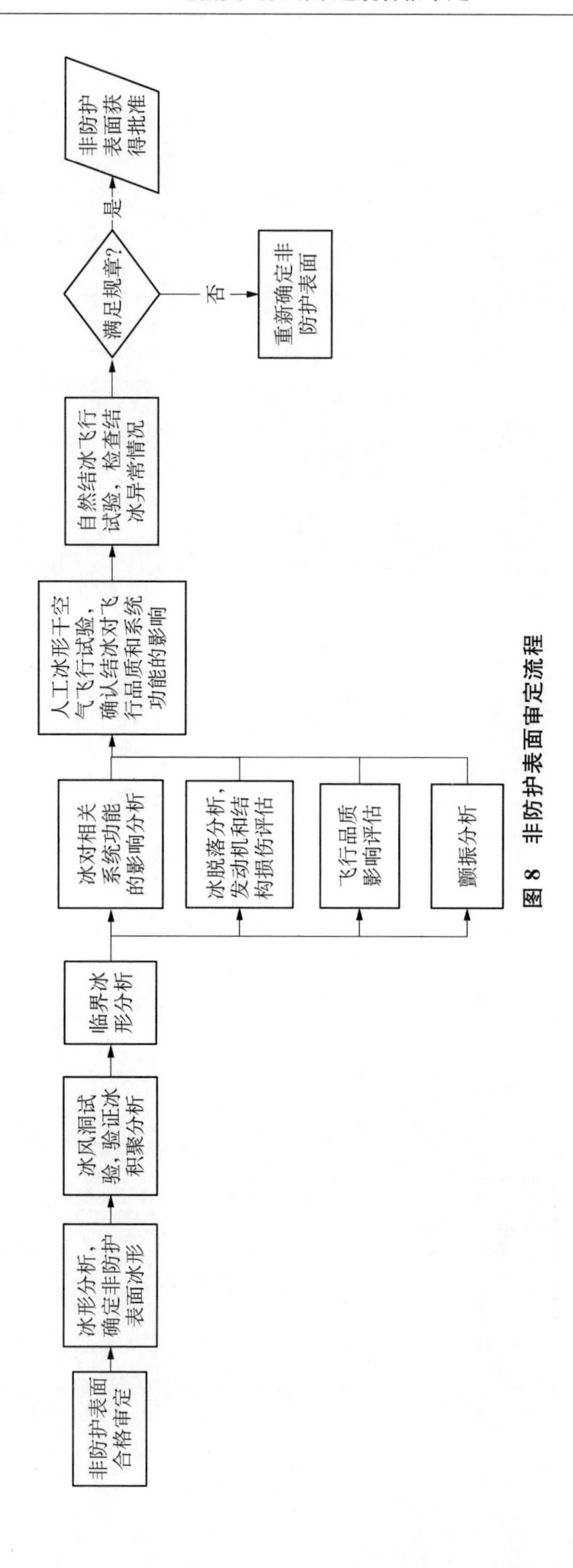

图 8　非防护表面审定流程

缩 略 语

AC	Advisory Circular	咨询通告
ADAP	airborne droplet analyzer probe	机载液滴分析仪
AEDC	Arnold Engineering Development Complex	阿诺德工程发展中心
AFM	aircraft flight manual	飞机飞行手册
AIAA	American Institute of Aeronautics and Astronautics	美国航空航天学会
AMC	acceptable means of compliance	可接受的符合性方法
AMM	aircraft maintenance manual	飞机维护手册
AOA	angle of attack	攻角
APU	auxiliary power unit	辅助动力装置
ARAC	Aviation Rulemaking Advisory Committee	航空规章制定咨询委员会
ATR	Avions de Transport Regional	支线运输飞机公司
BEA	Bureau d'Enquetes et d'Analyses	法国调查局
CAAC	Civil Aviation Administration of China	中国民用航空局
CASP	Canadian Atlantic Storm Program	加拿大大西洋风暴项目
CAS	calibrated airspeed	校正空速
CCAR	China Civil Aviation Regulations	中国民航规章
CCD	charge coupled device	电荷耦合器件
CFR	Code of Federal Regulations	美国联邦法规
CIRA	Italian Aerospace Research Centre	意大利航空航天研究中心
c. g.	center of gravity	重心
CPA	critical points analysis	关键点分析
CS	Certification Specifications	审定规范
DGA	Directorate General of Armaments	法国国防发展采购局
EASA	European Aviation Safety Agency	欧洲航空安全局

EICAS	engine indication and crew alertly system	发动机指示与机组告警系统
EMI	electronic magnetic interference	电磁兼容
EPR	engine pressure ratio	发动机压比
ETOPS	extended operation	延程运行
FAA	Federal Aviation Administration	美国联邦航空局
FADEC	full authority digital engine control	全权限数字式发动机控制
FCOM	flight crew operation manual	机组操作手册
FHA	function hazard analysis	功能危害性分析
FIDS	flight ice detection system	飞行中结冰探测系统
FMEA	failure mode effect analysis	失效模式影响分析
FSSP	forward scattering spectrometer probe	前向散射粒子谱探头
ft	feet	英尺
GE	General Electric	美国通用电气公司
GIDS	ground ice detection system	地面结冰探测系统
GKN	Guest, Keen & Nettlefolds	吉凯恩
GLACIER	Global Aerospace Centre for Icing and Environmental Research	全球航空航天结冰和环境研究中心
HIRF	high intensity radiation field	高强度辐射场
Hz	Hertz	赫兹
ICTS	ice contaminated tail stall	冰污染尾翼失速
in	inch	英寸
IPHWG	Icing Protection Harmonization Working Group	防冰协调工作小组
IPS	ice protection system	结冰防护系统
IRT	icing research tunnel	结冰研究风洞
ISA	International Standard Atmosphere	国际标准大气
IWC	ice water content	冰晶水含量
JAR	Joint Aviation Requirements	联合航空要求
kHz	kilohertz	千赫兹
KIAS	knots indicated airspeed	指示空速(节)
KTAS	knots true airspeed	真空速(节)
LWC	liquid water content	液态水含量
MC	maximum continuous	最大连续
MED	mean effective diameter	平均有效直径
min	minutes	分钟

MMD	median mass dimension	平均质量尺寸
MSL	mean sea level	平均海平面高度
MVD	median volume diameter	平均体积直径
N1	engine low pressure shaft speed	发动机低压轴转速
N2	engine high pressure shaft speed	发动机高压轴转速
N/A	not applicable	不适用
NACA	National Advisory Committee for Aeronautics	美国国家航空咨询委员会
NASA	National Aeronautics and Space Administration	美国国家航空航天局
N-S	Navier-Stokes	纳维-斯托克斯
NTSB	National Transportation Safety Board	美国国家运输安全委员会
OAP	optical array probes	光学阵列探头
ONERA	Office National d'Etudesetde Recherzhes Aerospatiales	法国航空航天研究中心
OPC	optical particle counter	光学粒子计数器
PDA	phase doppler analyzer	相位多普勒分析仪
PFD	primary flight display	主飞行显示器
PRSOV	pressure regulating shut-off valve	压力调节关断阀
PRV	pressure regulating valve	压力调节阀
PS	pressure static	静压
PSSA	preliminary system safety analysis	初步系统安全性分析
RAT	ram air turbine	冲压空气涡轮
RTD	resistance temperature detector	电阻温度探测器
SAE AIR	Society for Advancing Engineers Aerospace Information Report	美国汽车工程师学会航空航天信息报告
SAE ARP	Society for Advancing Engineers Aerospace Recommended Practice	美国汽车工程师学会航空航天推荐实践
SAT	static air temperature	环境静温
SLD	supercooled large droplet	过冷大水滴
SSA	system safety analysis	系统安全性分析
SWC	supercooled water catch	过冷水收集
TAT	total air temperature	大气总温
TDRC	testing, research and development center	试验、研究和发展中心
TSO	technical standard order	技术标准规定

TWC	total water content	总水含量
USAF	United States Air Force	美国空军
V_{DF}/M_{DF}	demonstrated flight diving speed	演示的飞行俯冲速度
V_{FC}/M_{FC}	maximum speed for stability characteristics	最大稳定性速度
V_{FE}	maximum flap extended speed	最大襟翼展态速度
V_{FTO}	final take-off speed	起飞最后速度
V_{MIN}	minimum steady flight speed	最小稳定飞行速度
V_{2MIN}	minimum takeoff safety speed	最小起飞安全速度
V_{MO}/M_{MO}	maximum operating limit speed	最大使用限制速度
V_{REF}	reference landing speed	着陆基准速度
V_{s1g}	1g stall speed	1g 失速速度
V_{SR}	stall reference speed	基准失速速度
WG-89	Working Group-89 of European Organization for Civil Aviation Equipment	欧洲民用航空设备组织第89工作组

索　引